2021年全国水产养殖动物主要病原菌耐药性监测分析报告

全国水产技术推广总站　组编

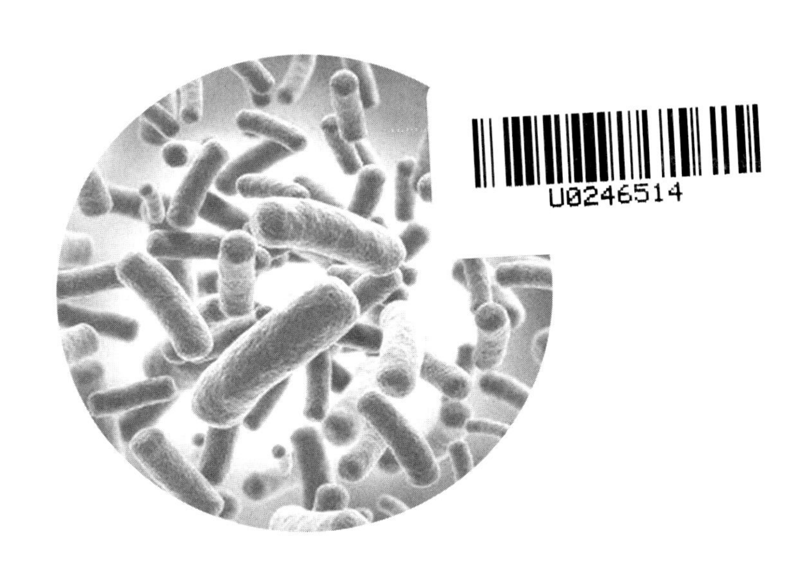

中国农业出版社
农村设物出版社
北　京

图书在版编目（CIP）数据

2021年全国水产养殖动物主要病原菌耐药性监测分析报告 / 全国水产技术推广总站组编. —北京：中国农业出版社，2022.6

ISBN 978-7-109-29650-3

Ⅰ.①2… Ⅱ.①全… Ⅲ.①水产动物—病原细菌—抗药性—研究报告—中国—2021 Ⅳ.①S941.42

中国版本图书馆CIP数据核字（2022）第117836号

2021年全国水产养殖动物主要病原菌耐药性监测分析报告

2021 NIAN QUANGUO SHUICHAN YANGZHI DONGWU ZHUYAO BINGYUANJUN NAIYAOXING JIANCE FENXI BAOGAO

中国农业出版社出版

地址：北京市朝阳区麦子店街18号楼

邮编：100125

责任编辑：王金环　弓建芳

版式设计：杨　婧　　责任校对：沙凯霖

印刷：中农印务有限公司

版次：2022年6月第1版

印次：2022年6月北京第1次印刷

发行：新华书店北京发行所

开本：787mm×1092mm　1/16

印张：8.75

字数：210千字

定价：48.00元

本书编委会

主　　编　李　清　曾　昊　冯东岳

副 主 编　宋晨光　邓玉婷

参　　编（按姓氏笔画排序）

丁雪燕　乃华革　马龙强　王　波　王　禹

王　健　王　浩　王　澎　王小亮　王巧煌

元丽花　方　苹　卢伶俐　吕晓楠　朱凝瑜

刘肖汉　刘晓丽　闫　行　关　丽　许钦涵

孙彦伟　李　阳　李　虹　李旭东　杨　蕾

杨凤香　杨雪冰　吴亚锋　何润真　张　文

张　志　张凤贤　张利平　张振国　陈　颖

陈　静　林　楠　林华剑　尚胜男　易　弋

罗　靳　赵良炜　胡大胜　施金谷　袁东辉

徐小雅　徐玉龙　徐赟霞　郭欣硕　唐　姝

唐治宇　梁倩蓉　梁静真　蒋红艳　韩书煜

韩育章　曾　佳　温周瑞　游　宇　潘秀莲

审稿专家（按姓氏笔画排序）

李爱华　沈锦玉　房文红　胡　鲲

出 版 说 明

一、自2019年起，我国水生动物病原菌耐药性状况分析相关成果作为正式出版物（本报告）出版。本报告内容和数据起讫日期：2021年1月1日至2021年12月31日。

二、本报告发布的内容主要来自13个具有代表性的省份，以实际公布的省份为准。

三、读者对本报告若有建议和意见，请与全国水产技术推广总站联系。

FOREWORD | 前言

为有效抑制或杀灭水产养殖动物病原菌，从而实现科学、精准治疗水产养殖动物细菌性疾病的目的，多年以来，在农业农村部渔业渔政管理局的指导下，全国水产技术推广总站（以下简称“总站”）组织我国重点水产养殖省份开展了水产养殖动物主要病原菌耐药性普查工作。经过多年监测，我们获取了大量水产养殖动物主要病原菌耐药性的基础数据，为水产养殖病害防控提供技术支撑，也为促进水产养殖减量用药、科学用药，提升水产品质量安全水平，加快推动水产养殖业绿色高质量发展做出了积极贡献。

2021年，总站继续组织北京、河北、河南等13个省份水产技术推广站（水生动物疫病预防控制中心）对8种抗生素开展了水产养殖病原菌耐药性普查工作；制定了《水产养殖主要病原菌耐药性普查工作方案》《水产养殖主要病原菌耐药性普查技术操作规范》，内容涉及样品采集表、测试数据记录表、数据汇总表和分析报告模板等，以保证普查工作顺利实施，取得实效。

我们整理分析了一年来的药敏试验数据，编撰完成《2021年全国水产养殖动物主要病原菌耐药性监测分析报告》。本书的出版得到了各地水产技术推广机构、水生动物疫病预防控制机构、相关高校科研院所以及养殖生产一线人员等的大力支持，在此表示诚挚的感谢！

由于总站在全国开展耐药性监测工作时间相对较短，相关技术手段、数据分析工作等的系统性和标准性还在不断健全完善中，加之编写人员水平有限，错误与疏漏之处敬请广大读者批评指正，以便今后不断改进提升。

编　者

2022年6月

目录

前言

综　合　篇

2021年全国水产养殖动物主要病原菌耐药性状况分析 …… 3

地　方　篇

2021年北京市水产养殖动物主要病原菌耐药性状况分析 …… 23
2021年天津市水产养殖动物主要病原菌耐药性状况分析 …… 29
2021年河北省水产养殖动物主要病原菌耐药性状况分析 …… 41
2021年辽宁省水产养殖动物主要病原菌耐药性状况分析 …… 48
2021年江苏省水产养殖动物主要病原菌耐药性状况分析 …… 57
2021年浙江省水产养殖动物主要病原菌耐药性状况分析 …… 65
2021年福建省水产养殖动物主要病原菌耐药性状况分析 …… 75
2021年山东省水产养殖动物主要病原菌耐药性状况分析 …… 87
2021年河南省水产养殖动物主要病原菌耐药性状况分析 …… 99
2021年湖北省水产养殖动物主要病原菌耐药性状况分析 …… 104
2021年广东省水产养殖动物主要病原菌耐药性状况分析 …… 111
2021年广西壮族自治区水产养殖动物主要病原菌耐药性状况分析 …… 116
2021年重庆市水产养殖动物主要病原菌耐药性状况分析 …… 124

综合篇

2021 年全国水产养殖动物主要病原菌耐药性状况分析

一、2021 年全国监测状况

1. 监测细菌种类、来源及数量

2021 年全国水产技术推广总站组织北京、天津、辽宁等 13 个省（自治区、直辖市）开展水产养殖动物主要病原菌耐药性监测，全年共分离水生动物病原菌 1 301 株（表 1），检测药物敏感性的菌株共 1 013 株，其中气单胞菌 565 株（56%）、弧菌 165 株（16%）、链球菌 71 株（7%）以及其他菌种或未列明具体菌种 212 株（21%）（图 1）。

表 1　用于耐药性监测的水生动物病原菌来源

单位：株

序号	监测地	病原菌来源动物种类	分离细菌数量	药敏统计菌株	气单胞菌	弧菌	链球菌	其他菌/不详
1	北京市	金鱼	38	37	37	0	0	0
2	天津市	鲤、鲫	58	58	58	0	0	0
3	重庆市	鲫	52	52	30	0	0	22
4	辽宁省	大菱鲆	192	77	0	77	0	0
5	河北省	鲤、草鱼	80	80	80	0	0	0
6	河南省	鲤、加州鲈	20	14	7	0	0	7
7	山东省	加州鲈、小龙虾	54	54	20	6	0	28
8	江苏省	草鱼、鲫	102	102	102	0	0	0
9	浙江省	中华鳖、加州鲈、黄颡鱼、大黄鱼	300	300	148	20	0	132
10	湖北省	鲫	169	32	32	0	0	0
11	福建省	大黄鱼、鳗鲡、对虾	142	113	19	62	9	23
12	广东省	罗非鱼、加州鲈、黄颡鱼、尖塘鳢、乌鳢	64	64	32	0	32	0
13	广西壮族自治区	罗非鱼	30	30	0	0	30	0
		合计	1 301	1 013	565	165	71	212

2. 不同病原菌的耐药性状况

（1）革兰氏阳性菌和阴性菌的总体耐药性比较

2021 年，继续深入开展水产养殖主要病原菌对恩诺沙星、硫酸新霉素、甲砜霉素、氟苯尼考、盐酸多西环素、氟甲喹、磺胺间甲氧嘧啶钠和磺胺甲噁唑/甲氧苄啶 8 种水产用抗菌药物耐药性监测。根据全年获取的监测数据分析，894 株革兰氏阴性菌对氟苯尼考的耐药性风险最高，耐药率为 51.6%（表 2），而 71 株革兰氏阳性菌（主要为链球菌）对各种药物均较敏感（表 3）。

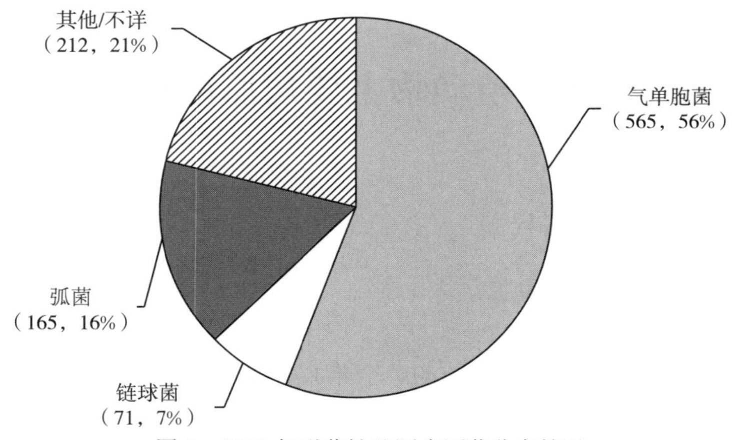

图 1　2021 年耐药性监测病原菌分布情况

表 2　革兰氏阴性菌耐药性监测总体情况（n=894）

单位：μg/mL

药物名称	MIC_{50}	MIC_{90}	耐药率	中介率	敏感率	耐药性判定参考值		
						耐药折点	中介折点	敏感折点
恩诺沙星	0.25	8	14.4%	17.2%	68.3%	≥4	—	≤0.5
氟苯尼考	8	256	51.6%	7.2%	41.3%	≥8	4	≤2
盐酸多西环素	0.25	64	17.9%	3.7%	78.4%	≥16	8	≤4
磺胺间甲氧嘧啶钠	64	1 024	31.9%	/	68.1%	≥512	—	≤256
磺胺甲噁唑/甲氧苄啶	19/1	608/32	36.5%	/	63.5%	≥76/4	—	≤38/2
硫酸新霉素	1	8	/	/	/	—	—	—
甲砜霉素	32	512	/	/	/	—	—	—
氟甲喹	0.5	64	/	/	/	—	—	—

注：“—”表示无折点。

表 3　革兰氏阳性菌耐药性监测总体情况（n=71）

单位：μg/mL

药物名称	MIC_{50}	MIC_{90}	耐药率	敏感率	耐药性判定参考值	
					耐药折点	敏感折点
盐酸多西环素	0.125	0.125	2.8%	97.2%	≥2	≤1
恩诺沙星	0.125	8	/	/	—	—
硫酸新霉素	8	16	/	/	—	—
甲砜霉素	1	8	/	/	—	—
氟苯尼考	2	4	/	/	—	—
氟甲喹	8	16	/	/	—	—
磺胺间甲氧嘧啶钠	8	32	/	/	—	—

注：“—”表示无折点。

（2）不同病原菌之间的耐药情况比较

比较7种抗菌药物对气单胞菌、弧菌和链球菌3种分离菌株的MIC_{50}及MIC_{90}，结果显示除了恩诺沙星和硫酸新霉素外，其他5种药物对气单胞菌的MIC_{90}均高于另外两种菌，磺胺间甲氧嘧啶钠、盐酸多西环素和恩诺沙星对其的MIC_{50}高于其他菌种（图2）。气单胞菌对氟苯尼考、盐酸多西环素的耐药率均高于其他菌种（图3）。

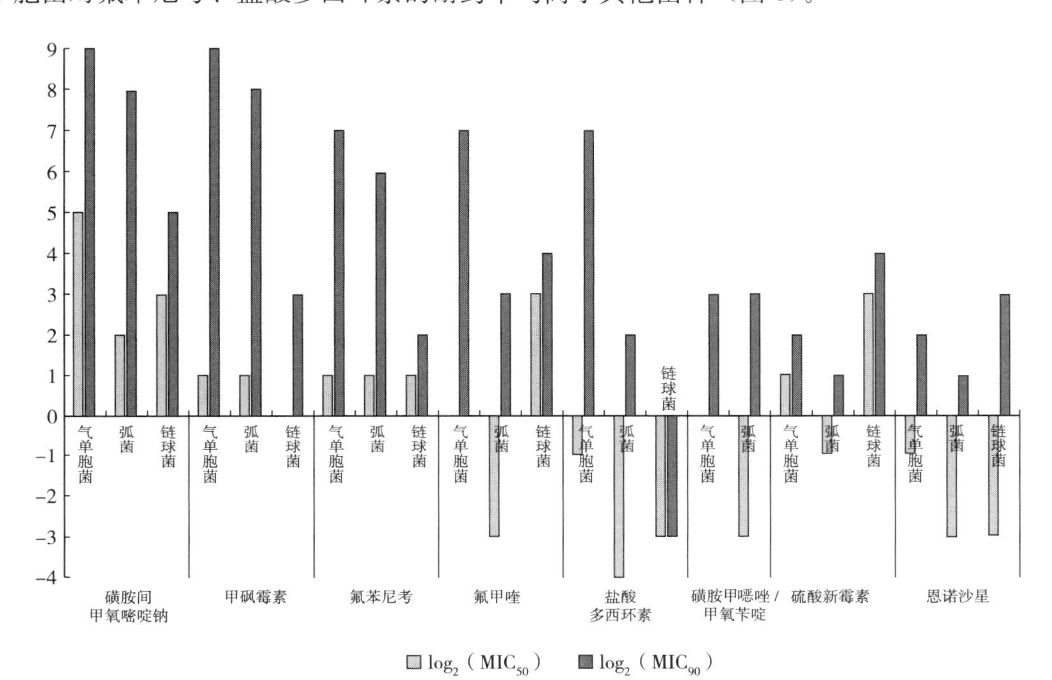

图2　不用抗菌药物对不同菌株的MIC_{50}和MIC_{90}比较

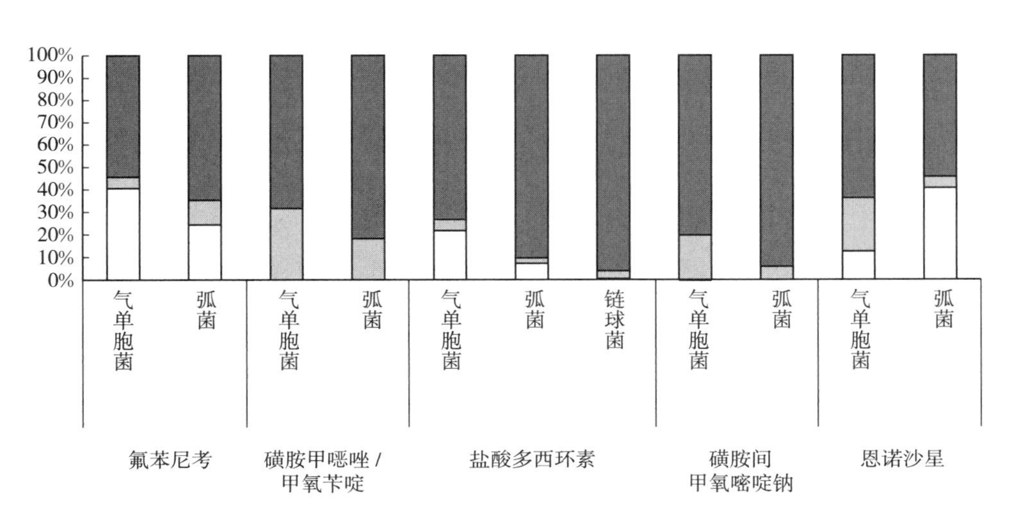

图3　不同菌株对不用抗菌药物的耐药率比较

(3) 气单胞菌对常用抗菌药物的耐药变迁分析

耐药性监测数据比较显示，2015—2021 年气单胞菌对盐酸多西环素和氟苯尼考的耐药率呈上升趋势，与 2015 年相比，2021 年气单胞菌对盐酸多西环素耐药率上升了 18.11%，对氟苯尼考耐药率上升了 13.94%；2015—2021 年气单胞菌对恩诺沙星和磺胺间甲氧嘧啶钠的耐药率则呈下降趋势，与 2015 年相比，2021 年气单胞菌对恩诺沙星耐药率下降了 0.86%，而对磺胺间甲氧嘧啶钠耐药率下降了 30.34%（图 4）。

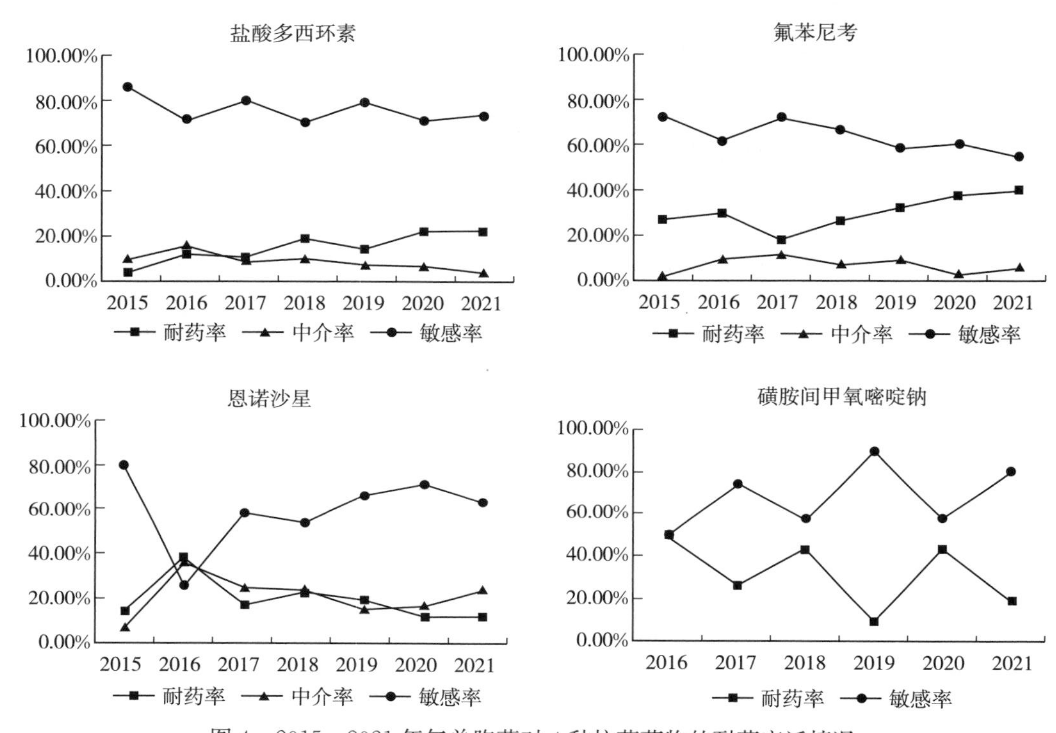

图 4　2015—2021 年气单胞菌对 4 种抗菌药物的耐药变迁情况

比较 MIC 水平的变迁，2015—2021 年盐酸多西环素对气单胞菌的 MIC_{90} 均呈上升趋势，从 16μg/mL 上升到 128μg/mL；氟苯尼考对气单胞菌的 MIC_{50} 和 MIC_{90} 呈波动变化，近 3 年略有下降；恩诺沙星和硫酸新霉素对气单胞菌的 MIC_{90} 则呈下降趋势，恩诺沙星从约 8μg/mL 下降到 4μg/mL，硫酸新霉素从约 100μg/mL 下降到 4μg/mL；磺胺间甲氧嘧啶钠和甲砜霉素对气单胞菌的 MIC_{90} 水平一直维持在较高水平（图 5）。

3. 对不同药物的耐药性状况

在不同的水产养殖区域水生动物病原菌对不同种类药物的敏感性差异较大。

(1) 恩诺沙星

2021 年，监测地区内恩诺沙星对水产主要病原菌的 MIC_{50} 在 0.016～8μg/mL 之间，MIC_{90} 在 0.125～32μg/mL 之间；河南、江苏分离气单胞菌显示出较高的耐药风险，恩诺沙星对其 MIC_{90} 均超过临床临界值（图 6）。河南分离气单胞菌对恩诺沙星的耐药率较高，为 71.4%，恩诺沙星对其 MIC_{90} 为 32μg/mL，超过临床临界值 4 倍；除河南、江苏外，

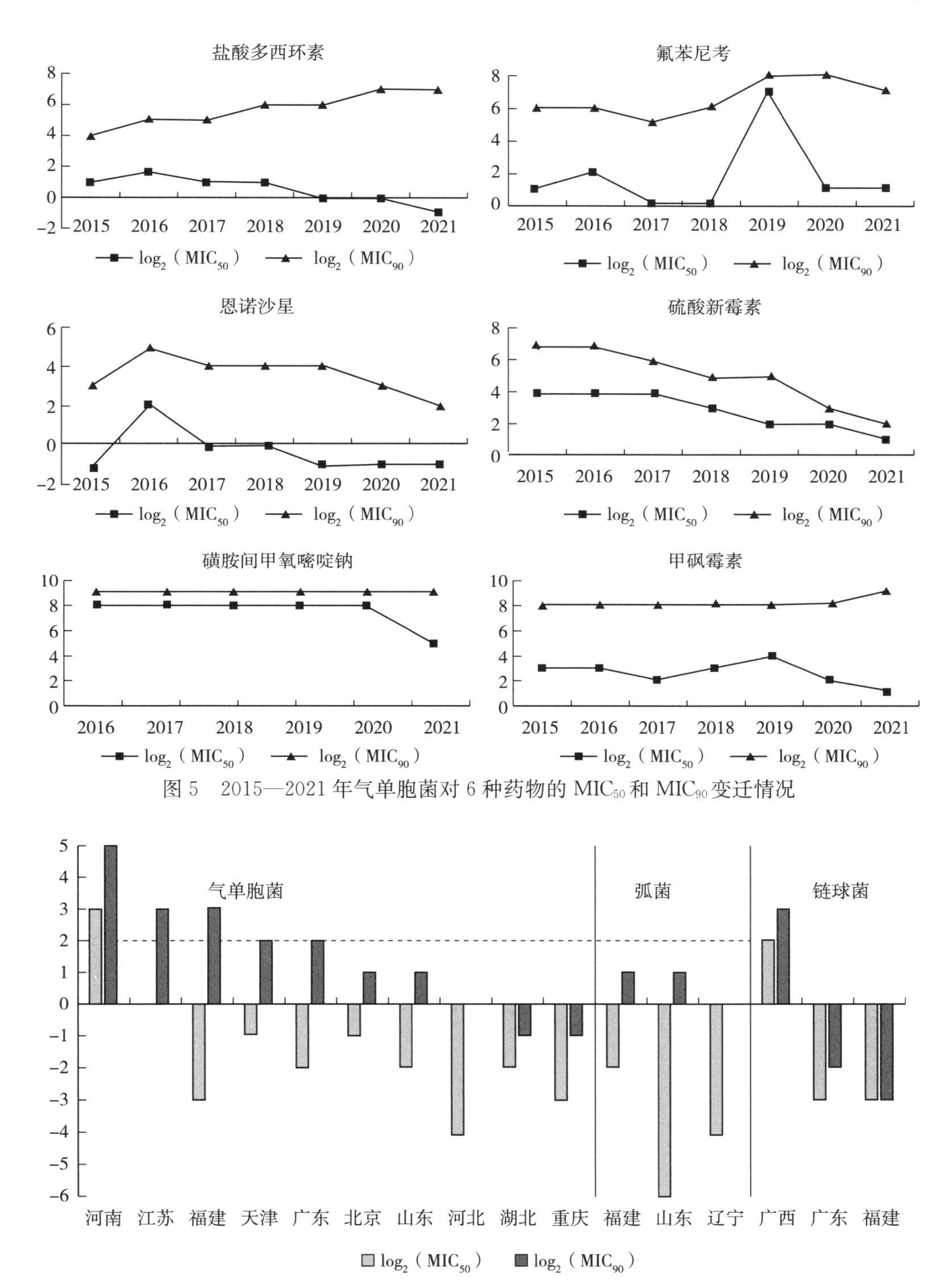

图5　2015—2021年气单胞菌对6种药物的 MIC_{50} 和 MIC_{90} 变迁情况

图6　主要水产养殖区恩诺沙星对不同菌株的 MIC_{50} 及 MIC_{90} 比较

注：虚线为恩诺沙星对气单胞菌和弧菌的临床临界值（MIC≥4μg/mL为耐药），链球菌无临床临界值。

其余地区的病原菌耐药率均低于 20%（图 7）。按流行病学临界值计算，河南、广东和山东分离气单胞菌非野生型率高达 100%，江苏、福建和天津超过了 90%，其余几个地区也超过了 50%（图 8）。不同病原菌对恩诺沙星的耐药情况见表 4。

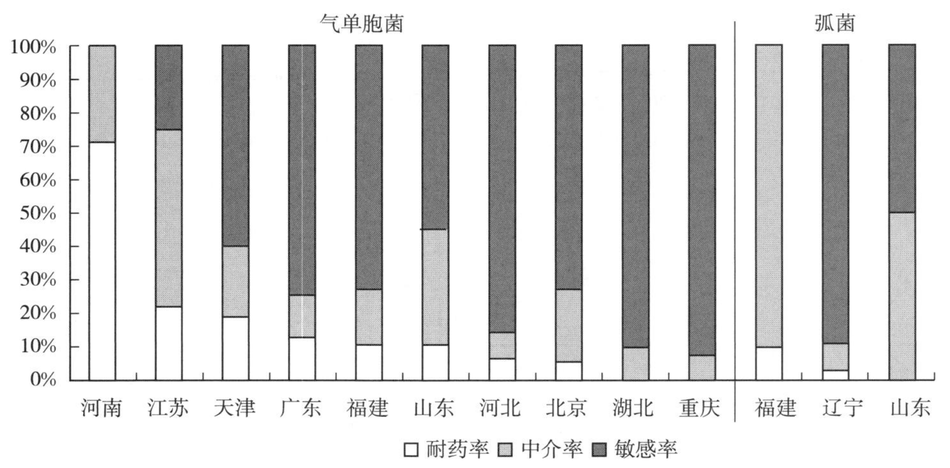

图 7 主要水产养殖区不同菌株对恩诺沙星的耐药性状况（以临床临界值计算）

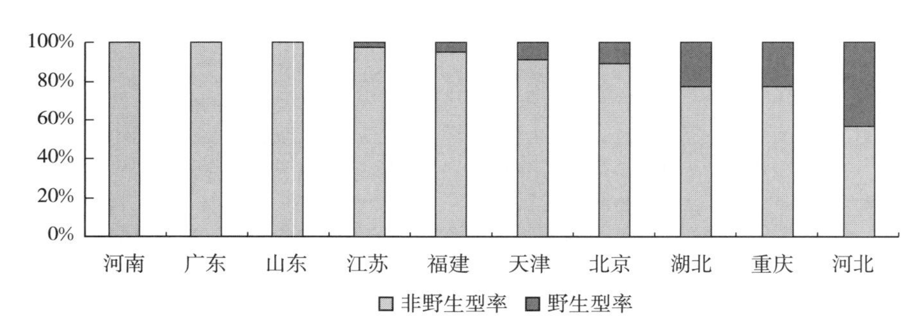

图 8 主要水产养殖区气单胞菌对恩诺沙星的耐药性状况（以流行病学临界值计算）

表 4 不同病原菌对恩诺沙星的耐药情况

菌种	地区	MIC_{50} (μg/mL)	MIC_{90} (μg/mL)	耐药率	中介率	敏感率	野生型率	非野生型率
气单胞菌	河南	8	32	71.4%	28.6%	0.0%	0.0%	100.0%
	江苏	1	8	22.5%	52.0%	25.5%	2.9%	97.1%
	福建	0.125	8	10.5%	15.8%	73.7%	5.3%	94.7%
	天津	0.5	4	19.0%	20.7%	60.3%	8.6%	91.4%
	广东	0.25	4	12.5%	12.5%	75.0%	0.0%	100.0%
	北京	0.5	2	5.4%	21.6%	73.0%	10.8%	89.2%
	山东	0.25	2	10.0%	35.0%	55.0%	0.0%	100.0%
	河北	0.06	1	6.3%	7.5%	86.3%	43.8%	56.2%
	湖北	0.25	0.5	0.0%	9.4%	90.6%	21.9%	78.1%
	重庆	0.125	0.5	0.0%	6.7%	93.3%	23.3%	76.7%

（续）

菌种	地区	MIC_{50} (μg/mL)	MIC_{90} (μg/mL)	耐药率	中介率	敏感率	野生型率	非野生型率
弧菌	福建	0.25	2	9.7%	6.5%	83.9%		
	山东	0.016	2	0.0%	50.0%	50.0%	/	/
	辽宁	0.06	1	2.6%	7.8%	89.6%	/	/
链球菌	广西	4	8				/	/
	广东	0.125	0.25	/	/	/	/	/
	福建	0.125	0.125	/	/	/	/	/

注：恩诺沙星对气单胞菌的流行病学临界值为0.031 25μg/mL，非野生型表示菌株已获得性和（或）突变耐药。

（2）氟苯尼考

2021年，监测地区内氟苯尼考对水产主要病原菌的MIC_{50}在≤0.25～32μg/mL之间，MIC_{90}在2～≥512μg/mL之间；江苏和广东分离气单胞菌显示出较高的耐药风险，氟苯尼考对其MIC_{50}和MIC_{90}均超过临床临界值，除了湖北分离气单胞菌外，氟苯尼考对其他省份分离气单胞菌和弧菌的MIC_{90}均超过临床临界值（图9）。广东和江苏分离气单胞菌对氟苯尼考的耐药率较高，分别为87.5%和72.5%（图10），非野生型率也较高，分别为87.5%和75.5%（图11），北京、河北、河南和湖北分离气单胞菌及山东分离弧菌的耐药率较低，均低于20%。不同病原菌对氟苯尼考的耐药情况见表5。

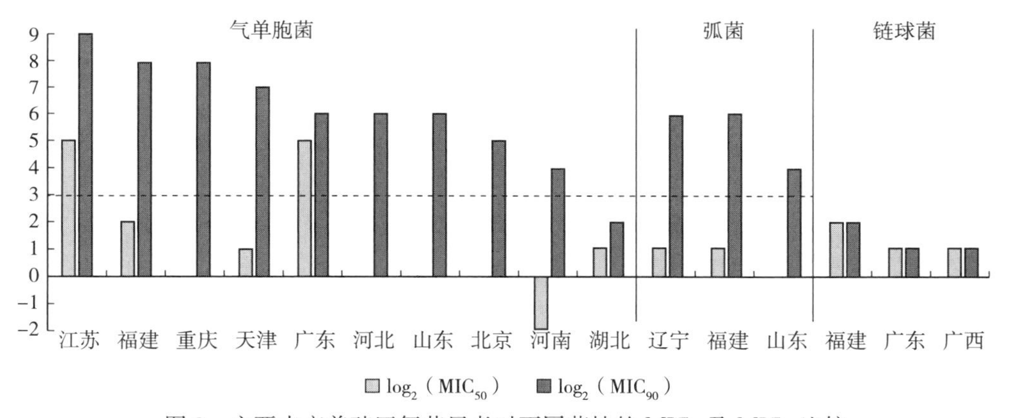

图9 主要水产养殖区氟苯尼考对不同菌株的MIC_{50}及MIC_{90}比较

注：虚线为氟苯尼考对气单胞菌和弧菌的临床临界值（MIC≥8μg/mL为耐药），链球菌无临床临界值。

（3）磺胺间甲氧嘧啶钠

2021年，监测地区内磺胺间甲氧嘧啶钠对水产主要病原菌的MIC_{50}在2～512μg/mL之间，MIC_{90}在16～≥1 024μg/mL之间；广东和山东分离气单胞菌均显示出较高的耐药风险，磺胺间甲氧嘧啶钠对其MIC_{50}和MIC_{90}均达到临床临界值（图12），且耐药率也相对较高，分别达93.8%和70.0%，山东分离弧菌的耐药率也达66.7%；河南、北京和河北等地分离气单胞菌以及辽宁分离弧菌的耐药率较低（图13）。不同病原菌对磺胺间甲氧嘧啶钠的耐药情况见表6。

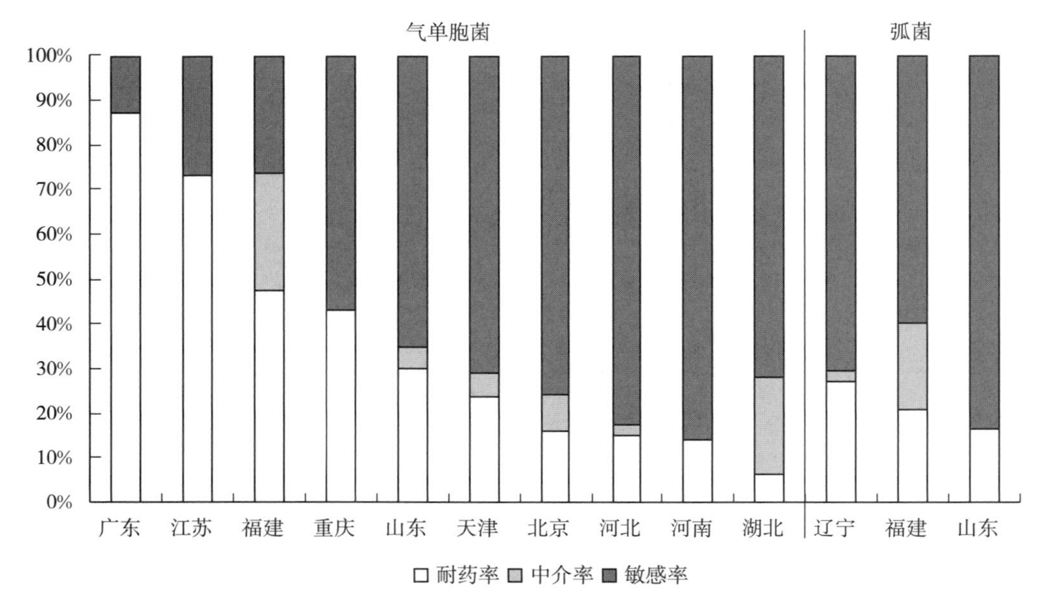

图 10 主要水产养殖区不同菌株对氟苯尼考的耐药性状况（以临床临界值计算）

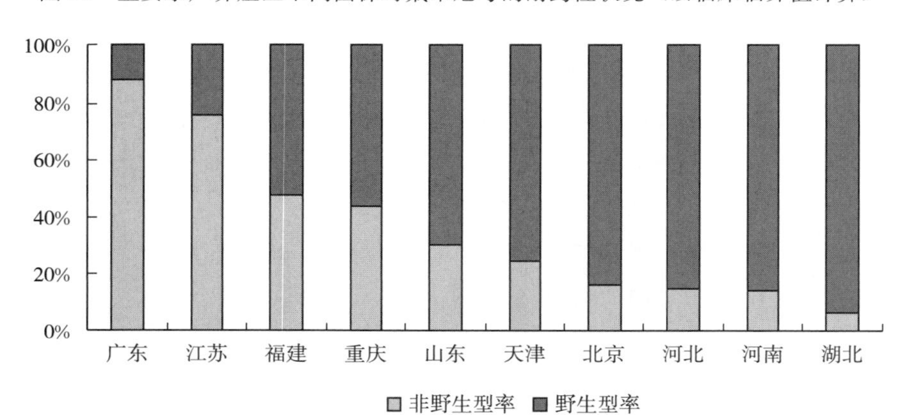

图 11 主要水产养殖区气单胞菌对氟苯尼考的耐药性状况（以流行病学临界值计算）

表 5 不同病原菌对氟苯尼考的耐药情况

菌种	地区	MIC_{50} (μg/mL)	MIC_{90} (μg/mL)	耐药率	中介率	敏感率	野生型率	非野生型率
气单胞菌	江苏	32	≥512	72.5%	0.0%	27.5%	24.5%	75.5%
	福建	4	256	47.4%	26.3%	26.3%	52.6%	47.4%
	重庆	1	256	43.3%	0.0%	56.7%	56.7%	43.3%
	天津	2	128	24.1%	5.2%	70.7%	75.9%	24.1%
	广东	32	64	87.5%	0.0%	12.5%	12.5%	87.5%
	河北	1	64	15.0%	2.5%	82.5%	85.0%	15.0%
	山东	1	64	30.0%	5.0%	65.0%	70.0%	30.0%
	北京	1	32	16.2%	8.1%	75.7%	83.8%	16.2%
	河南	≤0.25	16	14.3%	0.0%	85.7%	85.7%	14.3%
	湖北	2	4	6.3%	21.9%	71.9%	93.8%	6.3%

（续）

菌种	地区	MIC$_{50}$（μg/mL）	MIC$_{90}$（μg/mL）	耐药率	中介率	敏感率	野生型率	非野生型率
弧菌	辽宁	2	64	27.3%	2.6%	70.1%	/	/
	福建	2	64	21.0%	19.4%	59.7%	/	/
	山东	1	16	16.7%	0.0%	83.3%	/	/
链球菌	福建	4	4				/	/
	广东	2	2	/	/	/	/	/
	广西	2	2	/	/	/	/	/

注：氟苯尼考对气单胞菌的流行病学临界值为4μg/mL，非野生型表示菌株已获得性和（或）突变耐药。

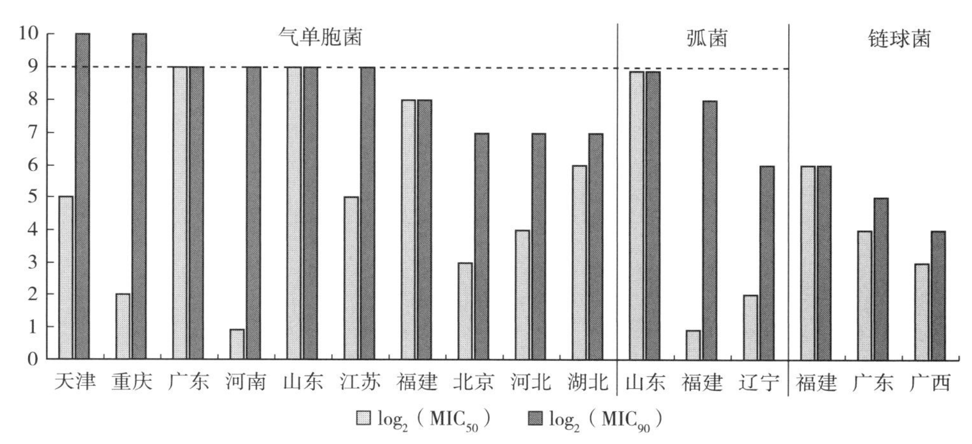

图12　主要水产养殖区磺胺间甲氧嘧啶钠对不同菌株的MIC$_{50}$及MIC$_{90}$比较

注：虚线为磺胺间甲氧嘧啶钠对气单胞菌、弧菌和假单胞菌的临床临界值（MIC≥512μg/mL为耐药），链球菌无临床临界值。

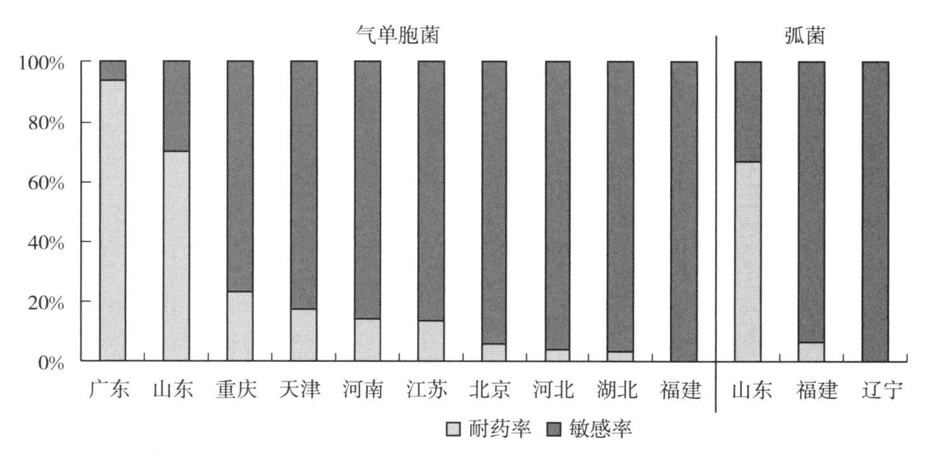

图13　主要水产养殖区不同菌株对磺胺间甲氧嘧啶钠的耐药性状况（以临床临界值计算）

表 6 不同病原菌对磺胺间甲氧嘧啶钠的耐药情况

菌种	地区	MIC_{50} (μg/mL)	MIC_{90} (μg/mL)	耐药率	敏感率
气单胞菌	天津	32	≥1 024	17.2%	82.8%
	重庆	4	≥1 024	23.3%	76.7%
	广东	512	512	93.8%	6.3%
	河南	2	512	14.3%	85.7%
	山东	512	512	70.0%	30.0%
	江苏	32	512	13.7%	86.3%
	福建	256	256	0.0%	100.0%
	北京	8	128	5.4%	94.6%
	河北	16	128	3.8%	96.3%
	湖北	64	128	3.1%	96.9%
弧菌	山东	512	512	66.7%	33.3%
	福建	2	256	6.5%	93.5%
	辽宁	4	64	0.0%	100.0%
链球菌	福建	64	64		
	广东	16	32	/	/
	广西	8	16	/	/

(4) 磺胺甲嘧唑/甲氧苄啶

2021 年，监测地区内磺胺甲嘧唑/甲氧苄啶对水产主要病原菌的 MIC_{50} 在≤1.2/0.06～152/8μg/mL 之间，MIC_{90} 在 38/2～≥608/32μg/mL 之间；磺胺甲嘧唑/甲氧苄啶除对河北分离气单胞菌和辽宁分离弧菌的 MIC_{90} 低于临床临界值外，对其余地区分离的病原菌均超过临界值（图 14）。广东分离气单胞菌对磺胺甲嘧唑/甲氧苄啶的耐药率最高，达 93.8%，其次为福建分离气单胞菌和山东分离弧菌，分别为 78.9%和 66.7%；河南、重庆、北京

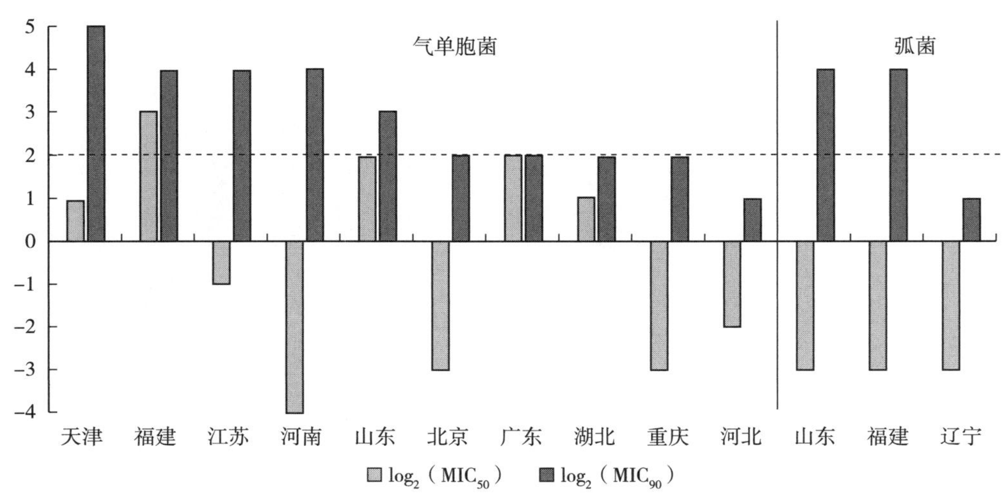

图 14 主要水产养殖区磺胺甲嘧唑/甲氧苄啶对不同菌株的 MIC_{50} 及 MIC_{90} 比较

注：虚线为磺胺甲嘧唑/甲氧苄啶对气单胞菌和弧菌的临床临界值（MIC≥76/4μg/mL 为耐药）。

和河北分离气单胞菌以及辽宁分离弧菌的耐药率均低于 20%（图 15）。不同病原菌对磺胺甲嘧唑/甲氧苄啶的耐药情况见表 7。

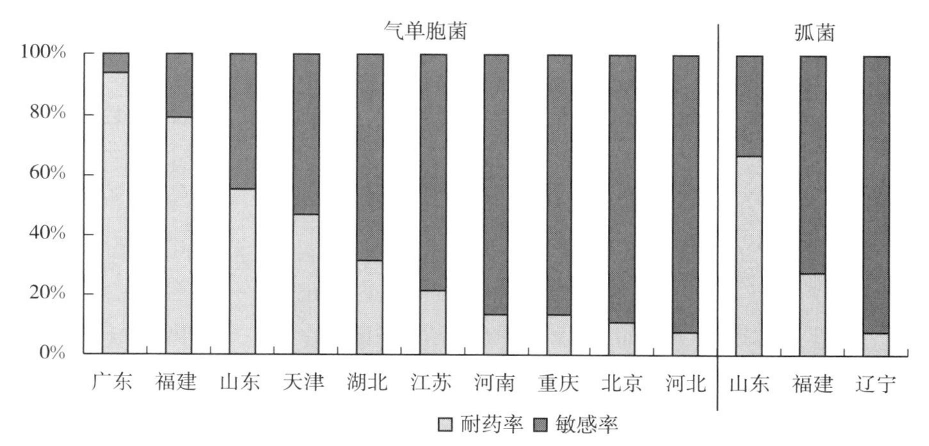

图 15　主要水产养殖区磺胺甲嘧唑/甲氧苄啶对不同菌株的耐药性状况（以临床临界值计算）

表 7　不同病原菌对磺胺甲嘧唑/甲氧苄啶的耐药情况

菌种	地区	MIC_{50} (μg/mL)	MIC_{90} (μg/mL)	耐药率	敏感率
气单胞菌	天津	38/2	≥608/32	46.6%	53.4%
	福建	152/8	304/16	78.9%	21.1%
	江苏	9.5/0.5	304/16	13.7%	86.3%
	河南	≤1.2/0.06	304/16	14.3%	85.7%
	山东	76/4	152/8	55.0%	45.0%
	北京	2.4/0.12	76/4	10.8%	89.2%
	广东	76/4	76/4	93.8%	6.3%
	湖北	38/2	76/4	31.3%	68.8%
	重庆	2.4/0.12	76/4	13.3%	86.7%
	河北	4.8/0.25	38/2	7.5%	92.5%
弧菌	山东	76/4	≥608/32	66.7%	33.3%
	福建	2.4/0.12	304/16	27.4%	72.6%
	辽宁	2.4/0.12	38/2	7.8%	92.2%

（5）盐酸多西环素

2021 年，监测地区内盐酸多西环素对水产主要病原菌的 MIC_{50} 在≤0.06～16μg/mL 之间，MIC_{90} 在 0.125～≥128μg/mL 之间；江苏、广东分离气单胞菌以及山东、福建分离弧菌均显示出较高的耐药风险，盐酸多西环素对其 MIC_{90} 大于或等于临床临界值（图 16）；广东和江苏分离气单胞菌对盐酸多西环素的耐药率较高，分别为 65.6%和 63.9%，其他地区的病原菌耐药率均较低（图 17）。按流行病学临界值计算，广东分离气单胞菌非野生型率高达 93.8%，其次为江苏 62.7%，其余几个地区较低，绝大部分在 30%以下（图 18）。不同病原菌对盐酸多西环素的耐药情况见表 8。

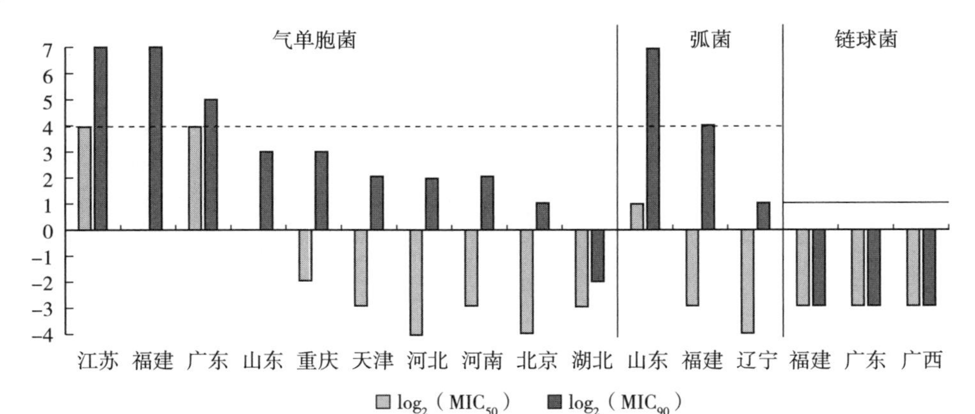

图 16 主要水产养殖区盐酸多西环素对不同菌株的 MIC_{50} 及 MIC_{90} 比较

注：虚线为盐酸多西环素对气单胞菌和弧菌的临床临界值（MIC≥16μg/mL 为耐药），实线为盐酸多西环素对链球菌的临床临界值（MIC≥2μg/mL 为耐药）。

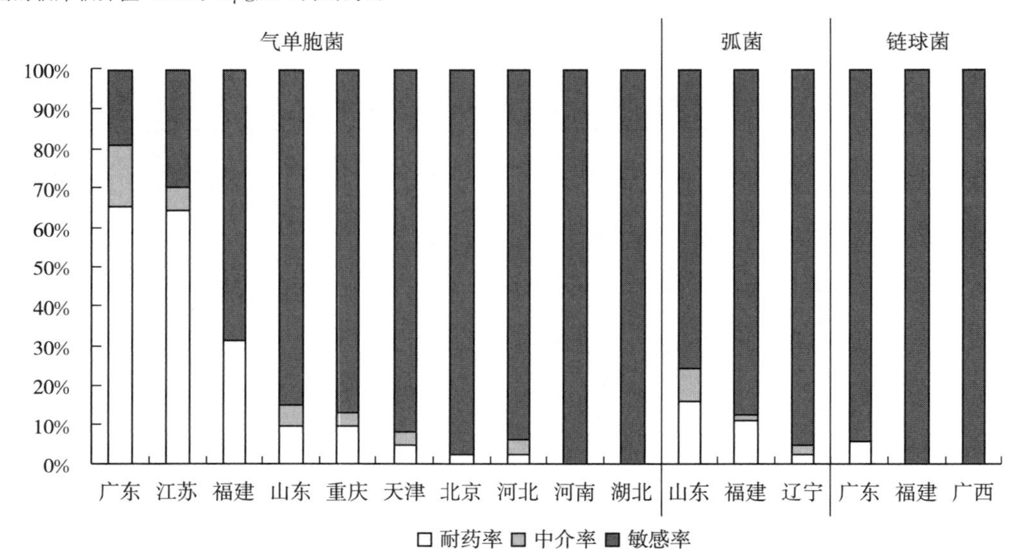

图 17 主要水产养殖区不同菌株对盐酸多西环素的耐药性状况（以临床临界值计算）

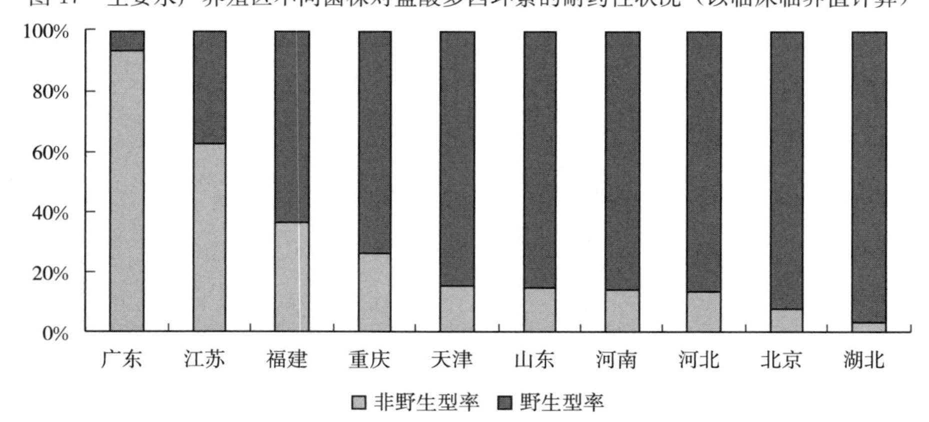

图 18 主要水产养殖区气单胞菌对盐酸多西环素的耐药性状况（以流行病学临界值计算）

表 8　不同病原菌对盐酸多西环素的耐药情况

菌种	地区	MIC_{50}（μg/mL）	MIC_{90}（μg/mL）	耐药率	中介率	敏感率	野生型率	非野生型率
气单胞菌	江苏	16	≥128	63.9%	6.9%	29.2%	37.3%	62.7%
	福建	1	≥128	31.6%	0.0%	68.4%	63.2%	36.8%
	广东	16	32	65.6%	15.6%	18.8%	6.3%	93.8%
	山东	1	8	10.0%	5.0%	85.0%	85.0%	15.0%
	重庆	0.25	8	10.0%	3.3%	86.7%	73.3%	26.7%
	天津	0.125	4	5.2%	3.4%	91.4%	84.5%	15.5%
	河北	≤0.06	4	2.5%	3.8%	93.8%	86.3%	13.8%
	河南	0.125	4	0.0%	0.0%	100.0%	85.7%	14.3%
	北京	≤0.06	2	2.7%	0.0%	97.3%	91.9%	8.1%
	湖北	0.125	0.25	0.0%	0.0%	100.0%	96.9%	3.1%
弧菌	山东	2	≥128	16.1%	8.1%	75.8%		
	福建	0.125	16	11.3%	1.6%	87.1%	/	/
	辽宁	≤0.06	2	2.6%	2.6%	94.8%	/	/
链球菌	福建	0.125	0.125	0.0%	/	100.0%	/	/
	广东	0.125	0.125	6.3%	/	93.8%	/	/
	广西	0.125	0.125	0.0%	/	100.0%	/	/

注：盐酸多西环素对气单胞菌的流行病学临界值为2μg/mL，非野生型表示菌株已获得性和（或）突变耐药。

（6）硫酸新霉素

2021年，监测地区内硫酸新霉素对水产主要病原菌的MIC_{50}在0.125～16μg/mL之间，MIC_{90}在0.5～16μg/mL之间；福建、广东和广西分离链球菌均显示出较高的耐药风险，硫酸新霉素对其MIC_{50}和MIC_{90}均比其他地区病原菌的高，硫酸新霉素对不同地区分离气单胞菌的MIC_{50}和MIC_{90}差异不大，对重庆和河南分离气单胞菌的MIC较低（图19）。按流行病学临界值计算，全国各地区分离气单胞菌的非野生型率都较低，均在20%以下（图20）。不同病原菌对硫酸新霉素的耐药情况见表9。

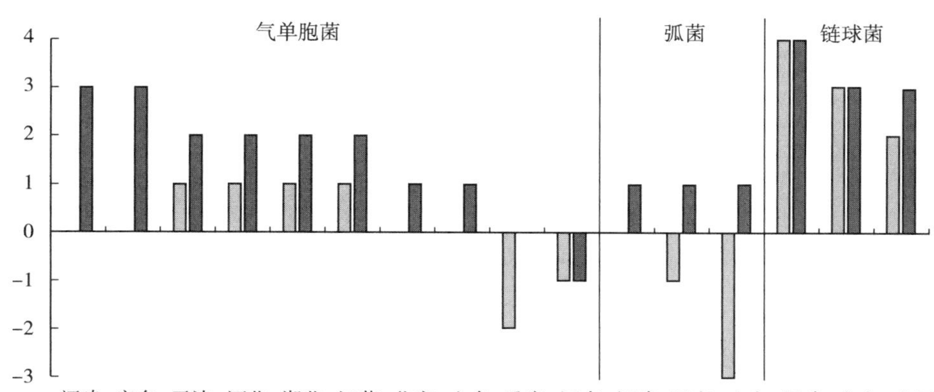

图19　主要水产养殖区硫酸新霉素对不同菌株的MIC_{50}及MIC_{90}比较

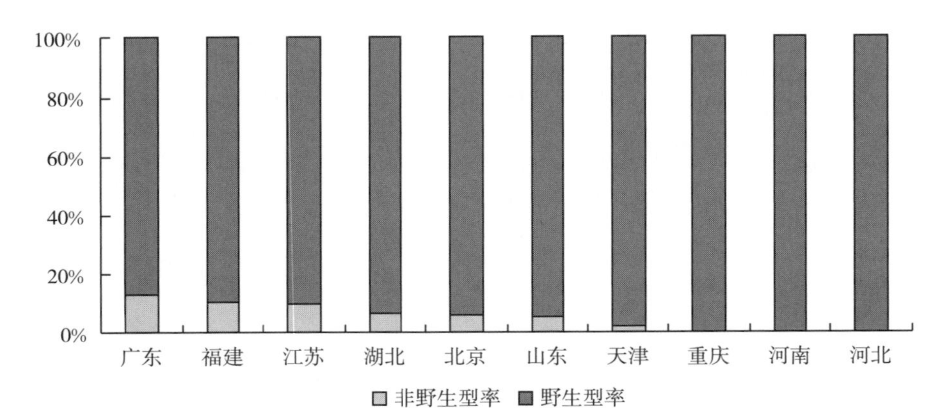

图 20　主要水产养殖区气单胞菌对硫酸新霉素的耐药性状况（以流行病学临界值计算）

表 9　不同病原菌对盐酸多西环素的耐药情况

菌种	地区	MIC_{50} (μg/mL)	MIC_{90} (μg/mL)	野生型率	非野生型率
气单胞菌	福建	1	8	89.5%	10.5%
	广东	1	8	87.5%	12.5%
	天津	2	4	98.3%	1.7%
	河北	2	4	100.0%	0.0%
	湖北	2	4	93.8%	6.3%
	江苏	2	4	90.2%	9.8%
	北京	1	2	94.6%	5.4%
	山东	1	2	95.0%	5.0%
	重庆	0.25	1	100.0%	0.0%
	河南	0.5	0.5	100.0%	0.0%
弧菌	福建	1	2		
	辽宁	0.5	2	/	/
	山东	0.125	2	/	/
链球菌	福建	16	16	/	/
	广东	8	8	/	/
	广西	4	8	/	/

注：硫酸新霉素对气单胞菌的流行病学临界值为 4μg/mL，非野生型表示菌株已获得性和（或）突变耐药。

（7）甲砜霉素

2021 年，监测地区内甲砜霉素对水产主要病原菌的 MIC_{50} 在≤0.125～128μg/mL 之间，MIC_{90} 在 1～≥512μg/mL 之间；除了湖北和河南分离气单胞菌以及各地区分离链球菌显示出较低的耐药风险外，其余地区的病原菌均表现出较高的耐药风险（图 21）。按流行病学临界值计算，福建、广东和江苏分离气单胞菌的非野生型率都较高，分别为 89.5%、87.5%和 78.4%；北京、河北和河南的较低，在 20%以下（图 22）。不同病原菌对甲砜霉素的耐药情况见表 10。

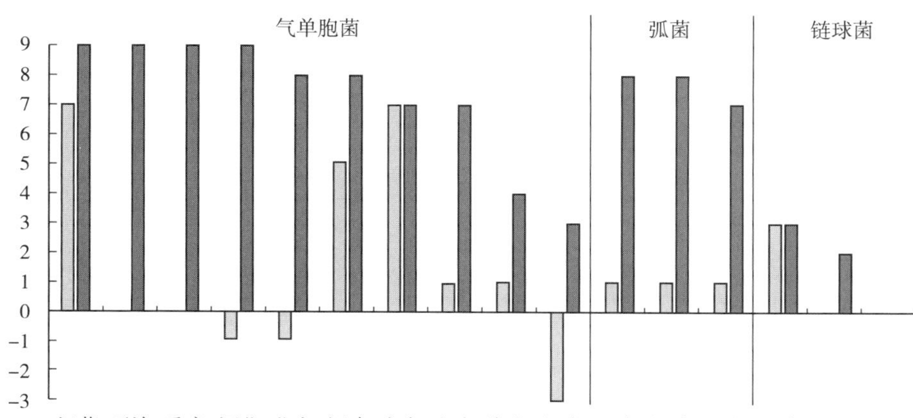

图 21 主要水产养殖区甲砜霉素对不同菌株的 MIC_{50} 及 MIC_{90} 比较

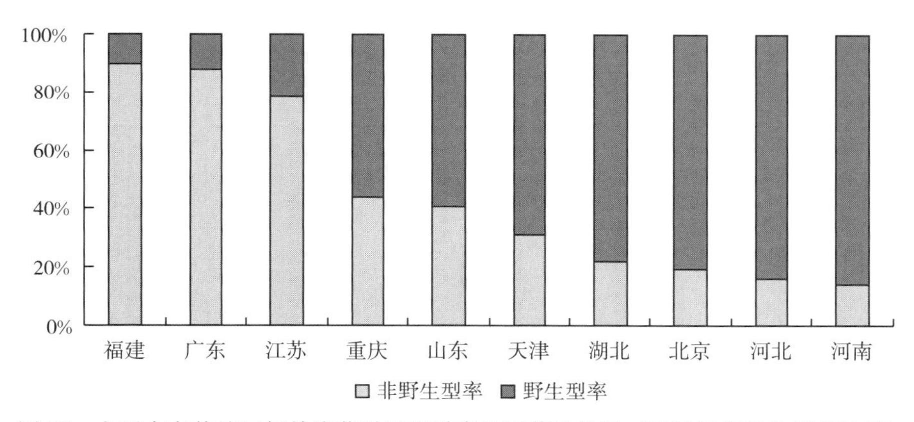

图 22 主要水产养殖区气单胞菌对甲砜霉素的耐药性状况（以流行病学临界值计算）

表 10 不同病原菌对甲砜霉素的耐药情况

菌种	地区	MIC_{50} (μg/mL)	MIC_{90} (μg/mL)	野生型率	非野生型率
气单胞菌	江苏	128	≥512	21.6%	78.4%
	天津	1	≥512	69.0%	31.0%
	重庆	1	≥512	56.7%	43.3%
	河北	0.5	≥512	83.8%	16.3%
	北京	0.5	256	81.1%	18.9%
	福建	32	256	10.5%	89.5%
	广东	128	128	12.5%	87.5%
	山东	2	128	60.0%	40.0%
	湖北	2	16	78.1%	21.9%
	河南	≤0.125	8	85.7%	14.3%

（续）

菌种	地区	MIC50 (μg/mL)	MIC90 (μg/mL)	野生型率	非野生型率
弧菌	辽宁	2	256		
	福建	2	256	/	/
	山东	64	128	/	/
链球菌	福建	8	8	/	/
	广西	1	4	/	/
	广东	1	1	/	/

注：甲砜霉素对气单胞菌的流行病学临界值为 2μg/mL，非野生型表示菌株已获得性和（或）突变耐药。

（8）氟甲喹

2021 年，监测地区内氟甲喹对水产主要病原菌的 MIC_{50} 在≤0.125～≥256μg/mL 之间，MIC_{90} 在 0.5～≥256μg/mL 之间；福建、江苏分离气单胞菌以及山东分离弧菌均显示出较高的耐药风险，氟甲喹对其 MIC_{90} 均比其他地区病原菌的高，氟甲喹对重庆分离气单胞菌以及辽宁、福建分离弧菌的 MIC 值相对较低（图 23）。按流行病学临界值计算，江苏和福建分离气单胞菌的非野生型率都较高，分别为 93.1%和 84.2%；河北的最低，为 18.8%（图 24）。不同病原菌对氟甲喹的耐药情况见表 11。

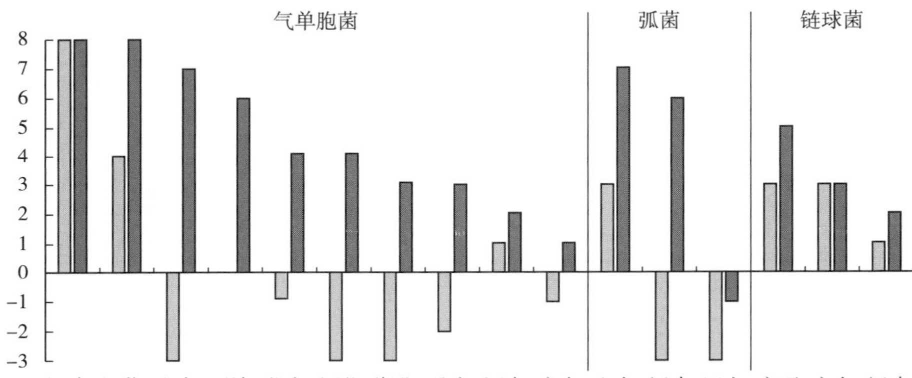

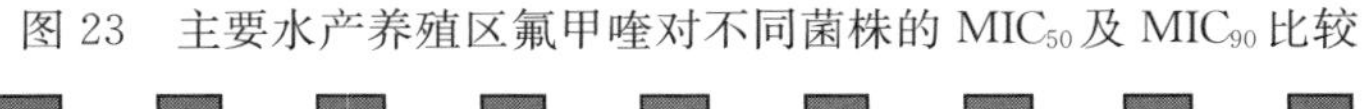

图 23 主要水产养殖区氟甲喹对不同菌株的 MIC_{50} 及 MIC_{90} 比较

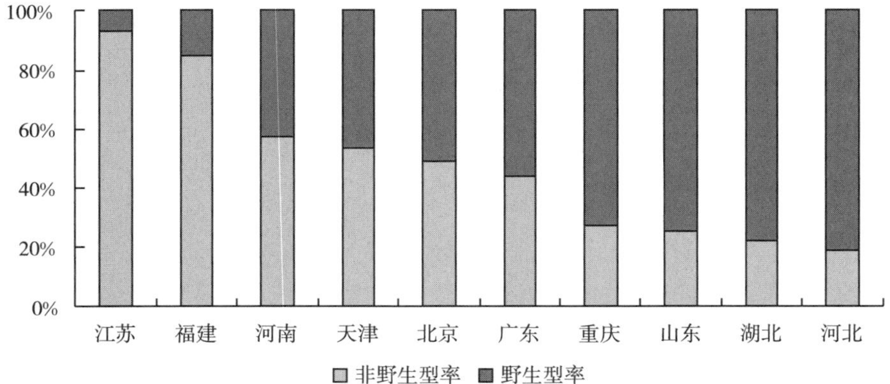

图 24 主要水产养殖区气单胞菌对氟甲喹的耐药性状况（以流行病学临界值计算）

表11 不同病原菌对氟甲喹的耐药情况

菌种	地区	MIC_{50} (μg/mL)	MIC_{90} (μg/mL)	野生型率	非野生型率
气单胞菌	福建	≥256	≥256	15.8%	84.2%
	江苏	16	≥256	6.9%	93.1%
	山东	≤0.125	128	75.0%	25.0%
	天津	1	64	46.6%	53.4%
	北京	0.5	16	51.4%	48.6%
	河北	≤0.125	16	81.3%	18.8%
	湖北	≤0.125	8	78.1%	21.9%
	重庆	0.25	8	73.3%	26.7%
	河南	2	4	42.9%	57.1%
	广东	0.5	2	56.3%	43.8%
弧菌	山东	8	128		
	福建	≤0.125	64	/	/
	辽宁	≤0.125	0.5	/	/
链球菌	广西	8	32	/	/
	广东	8	8	/	/
	福建	2	4	/	/

注：氟甲喹对气单胞菌的流行病学临界值为0.5μg/mL，非野生型表示菌株已获得性和（或）突变耐药。

二、主要结论

2021年全国主要水产养殖区耐药性状况监测结果显示：

（1）从我国草鱼、鲫、鲈、罗非鱼等主要水产养殖动物及金鱼等观赏鱼类中均分离出具有不同耐药性风险的病原菌，包括气单胞菌、弧菌、链球菌等主要水产动物病原菌，其中气单胞菌的耐药风险较高，链球菌的耐药风险相对较低。

（2）我国主要水产养殖区水产动物病原菌对恩诺沙星、硫酸新霉素、甲砜霉素、氟苯尼考、盐酸多西环素、氟甲喹、磺胺间甲氧嘧啶钠和磺胺甲噁唑/甲氧苄啶8种批准使用的水产用抗菌药物的耐药性风险水平具有较大的差异性。

①磺胺类药物由于长时间、大剂量使用等原因，病原菌对其存在较高的耐药风险；磺胺间甲氧嘧啶钠对气单胞菌的MIC_{90}为512μg/mL，磺胺甲噁唑/甲氧苄啶对其的MIC_{90}为152/8μg/mL，均达到较高耐药水平。

②病原菌对盐酸多西环素和氟苯尼考也存在较高的耐药风险，氟苯尼考和多西环素对气单胞菌的MIC_{90}均为128μg/mL，分别为临床临界值的16倍和8倍，2015年以来盐酸多西环素、氟苯尼考的耐药率和MIC水平均呈现上升趋势。

③恩诺沙星在监测区域内也具有潜在耐药风险；恩诺沙星对气单胞菌的MIC_{90}为4μg/mL，达到临床临界值，耐药率为12.5%，但是根据流行病学临界值计算，85.1%的

菌株为非野生型，表示85.1%的菌株已出现耐药突变或获得耐药性；恩诺沙星对弧菌和链球菌的MIC水平相对较低。

④病原菌对硫酸新霉素的耐药风险相对较低。2015年以来硫酸新霉素对气单胞菌的MIC水平呈下降趋势。

（3）我国主要水产养殖区水生动物病原菌对于主要抗菌药物的耐药性显示出明显的地区性差异。

总体来说，江苏、福建和广东分离病原菌对各类抗菌药物的耐药风险高于其他地区。

①广东、福建和山东分离气单胞菌对磺胺间甲氧嘧啶钠和磺胺甲噁唑/甲氧苄啶的耐药率高于全国平均水平。

②广东和江苏地区分离气单胞菌对氟苯尼考的耐药率显著高于全国平均水平。

③河南地区分离气单胞菌对恩诺沙星的耐药率高于全国平均水平。

④广东和江苏地区分离气单胞菌对盐酸多西环素的耐药率显著高于全国平均水平。

⑤硫酸新霉素对广西、广东和福建地区分离链球菌以及福建和广东地区分离气单胞菌的MIC水平高于全国平均水平。

⑥氟甲喹对福建、江苏和山东地区分离气单胞菌以及山东地区分离弧菌的MIC水平高于全国平均水平。

⑦除了湖北和河南地区，其他地区病原菌对甲砜霉素的耐药水平均较高。

三、存在问题

（1）广东、广西和河南地区药物敏感性试验中药物稀释浓度和范围与其他地区不一致，影响了结果统计与分析。

（2）部分地区开展药敏试验分离的菌株过少，尤其同一种属的菌株少于30株，缺乏统计学意义。

（3）浙江地区没有对各种病原菌分开统计耐药情况，无法与其他地区合并分析比较。

（4）部分地区耐药性折点自行设定，没有按照CLSI耐药判定标准，因此会与全国数据统计结果有偏差。

四、建议

为了全面、客观掌握我国主要水产养殖区水生动物病原菌耐药性状况，加强监测数据的客观性和准确性，建议：

（1）由于缺乏长期历史数据及统一的技术标准，需尽快将适合水生动物病原菌耐药性监测的相关技术体系标准化，建立采样、监测及评估等技术规范。

（2）加强对各地开展水生动物病原菌耐药性监测技术人员的培训，提升监测能力水平。

（3）建立和完善水生动物病原菌耐药性监测系统，提升耐药性风险预判和预警能力，为政府部门决策提供依据。

（4）扩大监测范围和监测对象，全面了解水生动物病原菌耐药性产生与抗菌药物应用关系，预测细菌耐药发展变化趋势。

地方篇

2021年北京市水产养殖动物主要病原菌耐药性状况分析

王小亮　张　文　吕晓楠　王　澎
（北京市水产技术推广站）

为了解掌握水产养殖动物主要病原菌耐药性情况及变化规律，指导科学使用水产用抗菌药物，提高细菌性病害防控成效，推动渔业绿色高质量发展，北京地区重点从金鱼养殖品种中分离得到温和气单胞菌、嗜水气单胞菌等病原菌，并测定其对8种水产用抗菌药物的敏感性，具体结果如下。

一、材料和方法

1. 样品采集

2021年5—10月，固定每月下旬进行金鱼样品采集，样品采集方法为取发病鱼或游动缓慢的鱼（不少于5尾）和原池水装入高压聚乙烯袋，加冰块，立即运回实验室。采集样品时，记录渔场的发病情况、发病水温、用药情况、鱼类死亡情况等信息。

2. 病原菌分离筛选

无菌操作取样品鱼的肝、肾组织后，在脑心浸液琼脂（BHIA）平板上划线分离病原菌，将平板倒置于28℃生化培养箱培养24～48h，选取优势菌落在BHIA平板上纯化。

3. 病原菌鉴定及保存

纯化的菌株采用API鉴定系统和/或分子生物学方法进行鉴定。采用脑心浸液肉汤（BHI）培养基于28℃增殖16～20h后，分装于2mL无菌管中，加灭菌甘油使其含量达30%，然后冻存于－80℃超低温冰箱。

4. 病原菌的抗菌药物感受性检测

供试药物种类有恩诺沙星、硫酸新霉素、甲砜霉素、氟苯尼考、盐酸多西环素、氟甲喹、磺胺间甲氧嘧啶钠、磺胺甲噁唑/甲氧苄啶。药物预埋在药敏分析试剂板中，生产单位为南京菲恩医疗科技公司。测定方法按照《药敏分析试剂板使用说明书》进行。

5. 数据统计方法

为便于数据分析，我们界定了浓度梯度稀释法检测值的耐药性折点。恩诺沙星设定为≥4μg/mL，硫酸新霉素、氟苯尼考为≥8μg/mL，盐酸多西环素、甲砜霉素为≥16μg/mL，氟甲喹为≥32μg/mL，磺胺间甲氧嘧啶钠耐药设定为≥256μg/mL、磺胺甲噁唑/甲氧苄啶设定为≥152/8μg/mL。抑制50%、90%细菌生长的最低药物浓度（minimal inhibit concentration，MIC_{50}、MIC_{90}）采用SPSS软件统计。

二、药敏测试结果

1. 病原菌分离鉴定总体情况

共分离病原菌 38 株，其中 20 株为嗜水气单胞菌、17 株为温和气单胞菌、1 株类志贺邻单胞菌。

2. 病原菌耐药性分析

（1）北京市金鱼源气单胞菌耐药性总体情况

总体上，北京市金鱼源气单胞菌对氟苯尼考和甲砜霉素的耐药率最高，分别为 16.2%和 13.5%，耐受浓度（以水产用抗菌药物对菌株的 MIC_{90} 评价，下同）分别为 9.14μg/mL 和 31.51μg/mL；其次是氟甲喹，耐药率为 8.1%，耐受浓度为 23.09μg/mL；再次是恩诺沙星、硫酸新霉素、磺胺间甲氧嘧啶钠和磺胺甲噁唑/甲氧苄啶，耐药率均为 5.4%，耐受浓度分别为 1.52μg/mL、2.27μg/mL、70.59μg/mL 和 39.44/2.07μg/mL；最敏感的药物为盐酸多西环素，耐药率为 2.7%，耐受浓度为 1.47μg/mL。详见表 1。

表 1 水产用抗菌药物对北京市 2020 年和 2021 年金鱼源病原菌的 MIC_{90} 及菌株耐药率

药物种类	MIC_{90}（μg/mL）		耐药率（%）	
	2020 年	2021 年	2020 年	2021 年
恩诺沙星	2.24	1.52	2.8	5.4
硫酸新霉素	1.35	2.27	0.0	5.4
甲砜霉素	89.58	31.51	22.2	13.5
氟苯尼考	40.67	9.14	22.2	16.2
盐酸多西环素	3.12	1.47	2.8	2.7
氟甲喹	29.80	23.09	2.8	8.1
磺胺间甲氧嘧啶钠	137.29	70.59	25.0	5.4
磺胺甲噁唑/甲氧苄啶	130.01/26.00	39.44/2.07	52.8	5.4

（2）不同种类病原菌的耐药性情况

2021 年监测中共分离到嗜水气单胞菌 20 株、温和气单胞菌 17 株。按菌株种类统计其对水产用抗菌药物的耐药率及药物对菌株的 MIC_{90}，结果见表 2、图 1。从表 2 和图 1 上直观看，恩诺沙星、硫酸新霉素、盐酸多西环素、氟甲喹、磺胺间甲氧嘧啶钠和磺胺甲噁唑/甲氧苄啶对嗜水气单胞菌的 MIC_{90} 低于温和气单胞菌，氟苯尼考、甲砜霉素对嗜水气单胞菌的 MIC_{90} 高于温和气单胞菌。但从每种药物对两种菌株的 MIC 集中分布区间看，几乎一致；同时，比较每种药物对所有分离的嗜水气单胞菌和温和气单胞菌菌株的均值，方差分析表明，药物对两种菌的 MIC 均值之间也无显著差异（$P>0.05$）。

表2 不同种类病原菌的耐药率及药物对菌株的 MIC_{90}

药物名称	MIC_{90}（μg/mL）		耐药率（%）	
	嗜水气单胞菌	温和气单胞菌	嗜水气单胞菌	温和气单胞菌
恩诺沙星	0.87	2.53	0	11.8
硫酸新霉素	1.63	2.84	0	11.8
甲砜霉素	36.24	10.92	15	11.8
氟苯尼考	11.70	5.13	20	11.8
盐酸多西环素	0.70	1.61	0	5.9
氟甲喹	12.98	27.25	5	11.8
磺胺间甲氧嘧啶钠	58.92	86.68	5	5.9
磺胺甲噁唑/甲氧苄啶	36.39/1.91	45.29/2.22	5	5.9

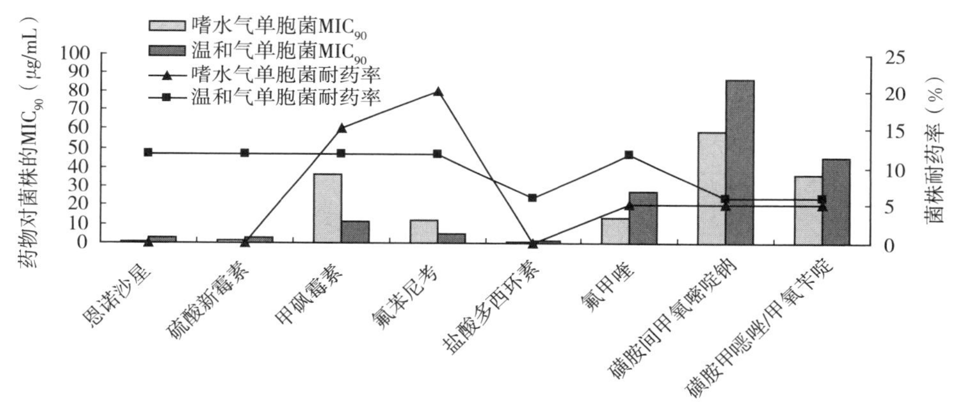

图1 抗菌药物对两种金鱼源气单胞菌的 MIC_{90} 比较

①嗜水气单胞菌对抗菌药物的感受性

检测的20株嗜水气单胞菌对各抗菌药物的感受性，分布情况见表3至表7。从表上可看出，恩诺沙星对所有分离到的嗜水气单胞菌的MIC均在2μg/mL以下；硫酸新霉素对其的MIC主要集中在0.5～4μg/mL；甲砜霉素对其中3株菌的MIC在256μg/mL以上，对其余菌株的MIC均在8μg/mL以下；氟苯尼考对其的MIC分布呈现4株菌分布在8～64μg/mL，16株菌分布在4μg/mL以下；盐酸多西环素对所有菌株的MIC不超过4μg/mL，60%的菌株集中在0.06μg/mL以下；氟甲喹对菌株的MIC分布比较离散，分布区间在≤0.125～32μg/mL，药物对其中50%菌株的MIC分布在2～16μg/mL之间，对45%菌株的MIC分布在1μg/mL以下；磺胺间甲氧嘧啶钠对菌株的MIC主要集中在4～32μg/mL之间，仅1株菌株的MIC>1 024μg/mL；磺胺甲噁唑/甲氧苄啶对90%菌株的MIC集中在38/2μg/mL以下，药物对另外2株菌的MIC分别为76/4μg/mL和304/16μg/mL。

表 3 2021 年分离的嗜水气单胞菌对水产用抗菌药物的感受性分布（n=20）

供试药物	不同药物浓度（μg/mL）下的菌株数（株）											
	≥16	8	4	2	1	0.5	0.25	0.125	0.06	0.03	0.015	≤0.008
恩诺沙星				1	2	8	4	3		1	1	

表 4 2021 年分离的嗜水气单胞菌对水产用抗菌药物的感受性分布（n=20）

供试药物	不同药物浓度（μg/mL）下的菌株数（株）											
	≥128	64	32	16	8	4	2	1	0.5	0.25	0.125	≤0.06
盐酸多西环素						1	2		2	3		12
硫酸新霉素						1	7	10	2			
氟甲喹			1	5	1	1	3	1	1	2	5	

表 5 2021 年分离的嗜水气单胞菌对水产用抗菌药物的感受性分布（n=20）

供试药物	不同药物浓度（μg/mL）下的菌株数（株）											
	≥512	256	128	64	32	16	8	4	2	1	0.5	≤0.25
甲砜霉素	2	1					1		2	3	11	
氟苯尼考				2	1		1	3	1	12		

表 6 2021 年分离的嗜水气单胞菌对水产用抗菌药物的感受性分布（n=20）

供试药物	不同药物浓度（μg/mL）下的菌株数（株）									
	≥1 024	512	256	128	64	32	16	8	4	≤2
磺胺间甲氧嘧啶钠	1					3	7	8	1	

表 7 2021 年分离的嗜水气单胞菌对水产用抗菌药物的感受性分布（n=20）

供试药物	不同药物浓度（μg/mL）下的菌株数（株）									
	≥608/32	304/16	152/8	76/4	38/2	19/1	9.5/0.5	4.8/0.25	2.4/0.12	≤1.2/0.06
磺胺甲噁唑/甲氧苄啶		1		1	3		1	3	10	1

②温和气单胞菌对抗菌药物的感受性

检测 17 株温和气单胞菌对抗菌药物的感受性，分布情况见表 8 至表 12。从表上可看出，恩诺沙星对 12 株温和气单胞菌的 MIC 集中在 0.125～1μg/mL 之间，对 3 株菌的 MIC 分布在 2μg/mL 以上，对 2 株菌的 MIC 分布在 0.015μg/mL 以下；硫酸新霉素对其的 MIC 均集中在 0.5～8μg/mL；甲砜霉素对其的 MIC 主要集中分布在≤0.25～1μg/mL 之间，另外 3 株菌的 MIC 分别为 4μg/mL、16μg/mL 和>512μg/mL；氟苯尼考对菌株的 MIC 主要集中≤0.25～2μg/mL 之间，2 株菌的 MIC 分别为 8μg/mL 和 64μg/mL；盐酸多西环素对其的 MIC 分布于 0.125μg/mL 以下和 2～16μg/mL 两个区间；氟甲喹对其的 MIC 分布比较离散，11 株菌株的 MIC 分布在 1～32μg/mL 之间，5 株菌的 MIC 分布在

0.25μg/mL以下，1株菌的MIC≥256μg/mL；磺胺间甲氧嘧啶钠对其的MIC也分布比较离散，13菌株的MIC分布在≤2～8μg/mL之间，剩余4株的MIC分布情况为1株在32μg/mL，2株在128μg/mL，1株≥1 024μg/mL；磺胺甲噁唑/甲氧苄啶对其的MIC也分布比较离散，对14株菌的MIC分布在9.5/0.5μg/mL以下，对剩余3株菌的MIC分别分布在38/2μg/mL、76/4μg/mL和≥608/32μg/mL。

表8　2021年分离的温和气单胞菌对水产用抗菌药物的感受性分布（n=17）

供试药物	不同药物浓度（μg/mL）下的菌株数（株）											
	≥16	8	4	2	1	0.5	0.25	0.125	0.06	0.03	0.015	≤0.008
恩诺沙星		1	1	1	4	3	3	2			1	1
盐酸多西环素	1		2	1				1	12			

表9　2021年分离的温和气单胞菌对水产用抗菌药物的感受性分布（n=17）

供试药物	不同药物浓度（μg/mL）下的菌株数（株）											
	≥256	128	64	32	16	8	4	2	1	0.5	0.25	≤0.125
硫酸新霉素						2		7	7	1		
氟甲喹	1			1	3	1	2	3	1		1	4

表10　2021年分离的温和气单胞菌对水产用抗菌药物的感受性分布（n=17）

供试药物	不同药物浓度（μg/mL）下的菌株数（株）											
	>512	256	128	64	32	16	8	4	2	1	0.5	≤0.25
甲砜霉素	1					1		1		2	11	1
氟苯尼考				1			1		2	10	2	1

表11　2021年分离的温和气单胞菌对水产用抗菌药物的感受性分布（n=17）

供试药物	不同药物浓度（μg/mL）下的菌株数（株）									
	≥1 024	512	256	128	64	32	16	8	4	≤2
磺胺间甲氧嘧啶钠	1			2		1		9	3	1

表12　2021年分离的温和气单胞菌对水产用抗菌药物的感受性分布（n=17）

供试药物	不同药物浓度（μg/mL）下的菌株数（株）									
	≥608/32	304/16	152/8	76/4	38/2	19/1	9.5/0.5	4.8/0.25	2.4/0.12	≤1.2/0.06
磺胺甲噁唑/甲氧苄啶	1			1	1		1	1	10	2

3. 病原菌耐药性的年度变化情况

比较水产用抗菌药物对2020年、2021年北京市水产养殖动物病原菌的MIC_{90}和菌株耐药率，见表1和图2，结果发现，与2020年相比，除硫酸新霉素外，其他药物对2021

年分离菌株的 MIC_{90} 均呈现不同程度的降低，下降幅度从 22.5%到 77.5%不等；硫酸新霉素对 2021 年分离菌株的 MIC_{90} 有所升高，升高幅度为 68.1%。从耐药率看，与 2020 年相比，2021 年分离的菌株对恩诺沙星、硫酸新霉素和氟甲喹的耐药率呈现上升；对甲砜霉素、氟苯尼考、盐酸多西环素的耐药率有所下降；对磺胺间甲氧嘧啶钠、磺胺甲噁唑/甲氧苄啶的耐药率大幅下降；这与 2021 年采用的药敏分析试剂板设置的药物浓度梯度不同有关，也与调整耐药性折点有关。

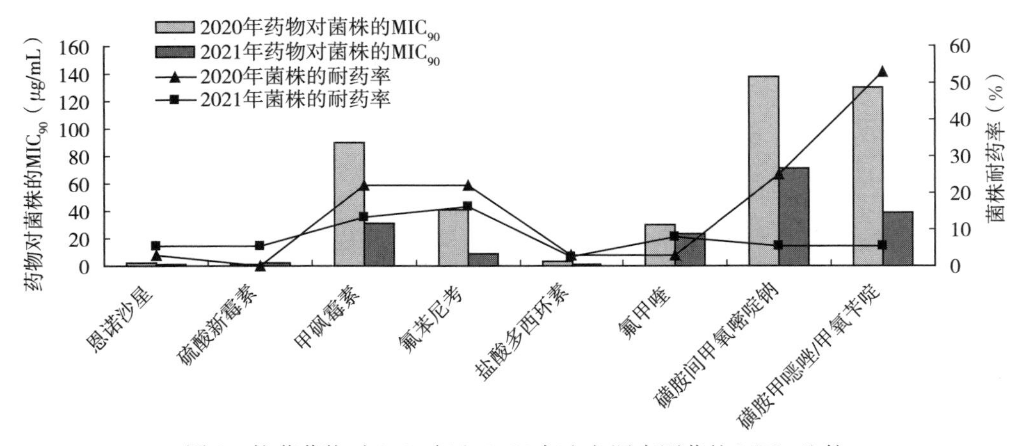

图 2 抗菌药物对 2020 年和 2021 年金鱼源病原菌的 MIC_{90} 比较

三、分析与建议

（1）从磺胺间甲氧嘧啶钠、磺胺甲噁唑/甲氧苄啶对金鱼源气单胞菌的 MIC_{90} 看，磺胺类药物仍是金鱼源气单胞菌最为耐受的药物，但与前几年相比，金鱼源气单胞菌对磺胺类药物的耐受浓度呈现大幅降低，较多菌株已展现出对磺胺类药物敏感，尤其是对复合磺胺类药物。因此，在开展病原菌药物感受性检测实验的基础上，可依据检测结果推荐给养殖户，使其在生产上优先使用。

（2）2021 年，金鱼源气单胞菌对甲砜霉素、氟苯尼考等药物的耐药率和耐药浓度较 2020 年有明显的降低，但同时需要注意的是，与往年一样，出现了一些耐受浓度较高的菌株。氟苯尼考和甲砜霉素均属于剂量依赖性药物，使用过程中很容易使病原菌短时间产生较高的耐药性，因此，建议使用这类药物时给足剂量，并与其他药物轮流使用，以延长该类药物的使用间隔时间。

（3）金鱼源气单胞菌对恩诺沙星、盐酸多西环素和硫酸新霉素的耐受浓度、耐受率最低，也就是最为敏感。这与往年的检测结果基本一致，可在无法进行药敏检测时作为养殖生产上治疗细菌性疾病的首选药物。

（4）连续监测发现，不同时间、不同地区和不同鱼类分离的病原菌以及不同种类的病原菌，甚至同种病原菌的不同菌株对抗菌药物的感受性都不相同。然而，从用药和生产方式相同的金鱼养殖场分离到的气单胞菌，水产用抗菌药物对其的 MIC_{90} 及菌株随药物浓度的分布特征具有相似性。

2021年天津市水产养殖动物主要病原菌耐药性状况分析

赵良炜　徐赟霞　张振国　王　禹
（天津市动物疫病预防控制中心）

为了解掌握水产养殖动物主要病原菌耐药性情况及变化规律，指导科学使用水产用抗菌药物，提高细菌性病害防控成效，推动渔业绿色高质量发展，天津市动物疫病预防控制中心于2021年4—10月从天津市宝坻区八门城镇养殖场、宁河区南淮淀地区人工养殖鲤、鲫发病鱼体内分离到嗜水气单胞菌、温和气单胞菌、维氏气单胞菌等病原菌，并测定其对8种水产用抗菌药物的敏感性，具体结果如下。

一、材料与方法

1. 样品采集

2021年4—10月对宝坻区八门城镇、宁河区南淮淀地区进行人工养殖鲤、鲫样品采集，在鱼发病时及时采集样品。采集游动缓慢、濒临死亡的病鱼，注原池水打氧，立即运回实验室。在采集样品的同时要记录养殖场的发病情况、死亡率、发病水温、溶解氧、用药情况等相关信息。

2. 病原菌分离筛选

在无菌条件下，取病鱼肝脏、脾脏、肾脏组织在脑心浸液琼脂（BHIA）划线分离后将培养皿置于恒温培养箱中，于28℃±1℃培养24h后，挑取单菌落，划线接种于营养琼脂（NA）平板，纯化后备用。

3. 病原菌鉴定及保存

纯化的菌株采用VITEK 2 Compact全自动细菌鉴定系统及分子生物学方法进行鉴定。菌株接种于胰蛋白胨大豆肉汤（TSB）增殖16～20h后，分装于加入灭菌甘油（最终甘油含量达25%）的2mL冻存管中，冻存于-80℃超低温冰箱内。

二、药敏测试结果

1. 病原菌分离鉴定总体情况

2021年4—10月分别从天津市宝坻区八门城镇养殖场、宁河区南淮淀地区人工养鲤、鲫发病鱼体内共分离获得气单胞菌属细菌58株，其中嗜水气单胞菌17株、温和气单胞菌31株，维氏气单胞菌8株、豚鼠气单胞菌2株（分类占比见图1）。

2. 病原菌耐药性分析

（1）气单胞菌属细菌耐药性总体情况

2021年分离获得的58株气单胞菌属细菌，对硫酸新霉素、盐酸多西环素、恩诺沙星较为敏感，其MIC_{90}分别为4.86μg/mL、3.15μg/mL、3.56μg/mL，对磺胺间甲氧嘧啶

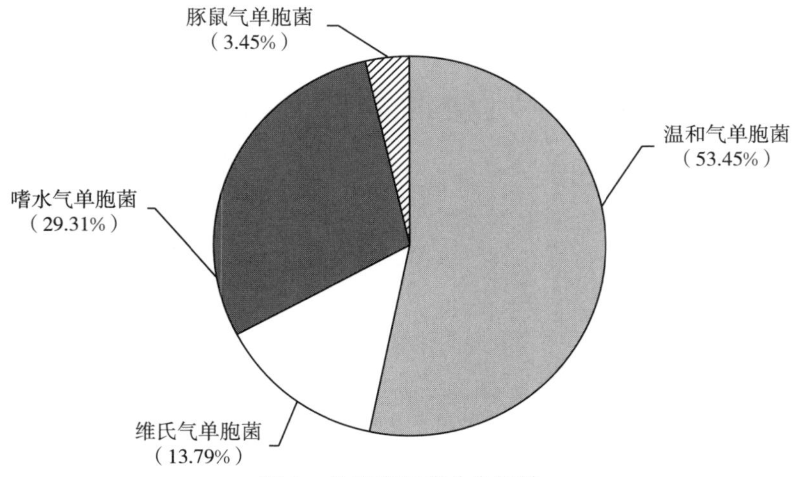

图1 分离病原菌分类统计

钠、磺胺甲噁唑/甲氧苄啶、甲砜霉素较为耐受，其MIC_{90}分别为401.18μg/mL、332.97/17.77μg/mL、215.45μg/mL，具体结果如表1至表6和图2所示。

表1 病原菌对恩诺沙星的感受性分布（*n*=58）

供试药物	MIC_{50}（μg/mL）	MIC_{90}（μg/mL）	不同药物浓度（μg/mL）下的菌株数（株）											
			≥16	8	4	2	1	0.5	0.25	0.125	0.06	0.03	0.015	≤0.008
恩诺沙星	0.31	3.56	0	8	3	4	8	8	9	12	1	0	1	4

表2 病原菌对硫酸新霉素和氟甲喹的感受性分布（*n*=58）

供试药物	MIC_{50}（μg/mL）	MIC_{90}（μg/mL）	不同药物浓度（μg/mL）下的菌株数（株）											
			≥256	128	64	32	16	8	4	2	1	0.5	0.25	≤0.125
硫酸新霉素	0.96	4.86	1	0	0	0	0	0	5	28	14	3	3	4
氟甲喹	1.10	60.55	2	0	4	14	2	2	1	3	3	7	4	16

表3 病原菌对甲砜霉素和氟苯尼考的感受性分布（*n*=58）

供试药物	MIC_{50}（μg/mL）	MIC_{90}（μg/mL）	不同药物浓度（μg/mL）下的菌株数（株）											
			≥512	256	128	64	32	16	8	4	2	1	0.5	≤0.25
甲砜霉素	1.43	215.45	10	1	1	3	1	1	0	1	2	14	23	1
氟苯尼考	2.42	29.11	0	1	7	2	1	1	2	3	19	19	2	1

表4 病原菌对磺胺间甲氧嘧啶钠的感受性分布（*n*=58）

供试药物	MIC_{50}（μg/mL）	MIC_{90}（μg/mL）	不同药物浓度（μg/mL）下的菌株数（株）									
			≥1 024	512	256	128	64	32	16	8	4	≤2
磺胺间甲氧嘧啶钠	43.68	401.18	10	0	6	6	4	15	9	1	7	0

表5 病原菌对磺胺甲噁唑/甲氧苄啶的感受性分布（n=58）

供试药物	MIC$_{50}$ (μg/mL)	MIC$_{90}$ (μg/mL)	不同药物浓度（μg/mL）下的菌株数（株）									
			≥608/32	304/16	152/8	76/4	38/2	19/1	9.5/0.5	4.8/0.25	2.4/0.12	≤1.2/0.06
磺胺甲噁唑/甲氧苄啶	28.02/1.46	332.97/17.77	10	0	7	10	7	9	5	3	3	4

表6 病原菌对盐酸多西环素的感受性分布（n=58）

供试药物	MIC$_{50}$ (μg/mL)	MIC$_{90}$ (μg/mL)	不同药物浓度（μg/mL）下的菌株数（株）											
			≥128	64	32	16	8	4	2	1	0.5	0.25	0.125	≤0.06
盐酸多西环素	0.14	3.15	0	0	2	1	2	4	5	3	7	3	11	20

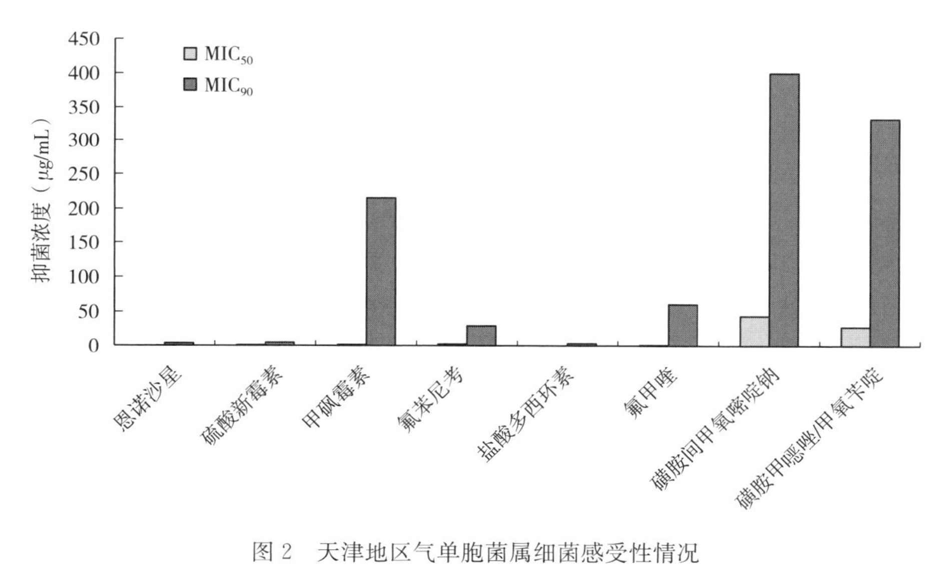

图2 天津地区气单胞菌属细菌感受性情况

（2）不同种类气单胞菌对水产用抗菌药物的感受性

①嗜水气单胞菌对水产用抗菌药物的感受性

17株嗜水气单胞菌对水产用抗菌药物感受性测定结果如表7至表12、图3所示，嗜水气单胞菌对恩诺沙星、盐酸多西环素较为敏感，对磺胺间甲氧嘧啶钠、磺胺甲噁唑/甲氧苄啶、甲砜霉素较为耐受。

表7 嗜水气单胞菌对恩诺沙星的感受性分布（n=17）

供试药物	MIC$_{50}$ (μg/mL)	MIC$_{90}$ (μg/mL)	不同药物浓度（μg/mL）下的菌株数（株）											
			≥16	8	4	2	1	0.5	0.25	0.125	0.06	0.03	0.015	≤0.008
恩诺沙星	0.34	6.28	0	4	1	0	2	2	3	3	0	0	0	2

表 8 嗜水气单胞菌对硫酸新霉素和氟甲喹的感受性分布（n=17）

供试药物	MIC$_{50}$ (μg/mL)	MIC$_{90}$ (μg/mL)	不同药物浓度（μg/mL）下的菌株数（株）											
			≥256	128	64	32	16	8	4	2	1	0.5	0.25	≤0.125
硫酸新霉素	0.55	10.63	1	0	0	0	0	0	2	5	1	2	3	3
氟甲喹	1.12	56.36	1	0	1	4	0	0	0	1	2	3	2	3

表 9 嗜水气单胞菌对甲砜霉素和氟苯尼考的感受性分布（n=17）

供试药物	MIC$_{50}$ (μg/mL)	MIC$_{90}$ (μg/mL)	不同药物浓度（μg/mL）下的菌株数（株）											
			≥512	256	128	64	32	16	8	4	2	1	0.5	≤0.25
甲砜霉素	6.01	661.40	5	0	0	1	1	0	0	0	2	6	2	0
氟苯尼考	5.40	48.46	0	0	3	2	0	0	2	0	10	0	0	0

表 10 嗜水气单胞菌对磺胺间甲氧嘧啶钠的感受性分布（n=17）

供试药物	MIC$_{50}$ (μg/mL)	MIC$_{90}$ (μg/mL)	不同药物浓度（μg/mL）下的菌株数（株）									
			≥1 024	512	256	128	64	32	16	8	4	≤2
磺胺间甲氧嘧啶钠	48.26	328.47	3	0	1	2	1	4	6	0	0	0

表 11 嗜水气单胞菌对磺胺甲噁唑/甲氧苄啶的感受性分布（n=17）

供试药物	MIC$_{50}$ (μg/mL)	MIC$_{90}$ (μg/mL)	不同药物浓度（μg/mL）下的菌株数（株）									
			≥608/32	304/16	152/8	76/4	38/2	19/1	9.5/0.5	4.8/0.25	2.4/0.12	≤1.2/0.06
磺胺甲噁唑/甲氧苄啶	42.04/2.21	229.05/12.08	3	0	2	2	4	4	2	0	0	0

表 12 嗜水气单胞菌对盐酸多西环素的感受性分布（n=17）

供试药物	MIC$_{50}$ (μg/mL)	MIC$_{90}$ (μg/mL)	不同药物浓度（μg/mL）下的菌株数（株）											
			≥128	64	32	16	8	4	2	1	0.5	0.25	0.125	≤0.06
盐酸多西环素	0.12	4.27	0	0	1	0	1	2	1	0	0	1	6	5

②温和气单胞菌对水产用抗菌药物的感受性

31 株温和气单胞菌对水产用抗菌药物感受性测定结果如表 13 至表 18、图 4 所示。温和气单胞菌主要对盐酸多西环素、硫酸新霉素、恩诺沙星、氟苯尼考较为敏感，对磺胺间甲氧嘧啶钠、磺胺甲噁唑/甲氧苄啶、甲砜霉素较为耐受。

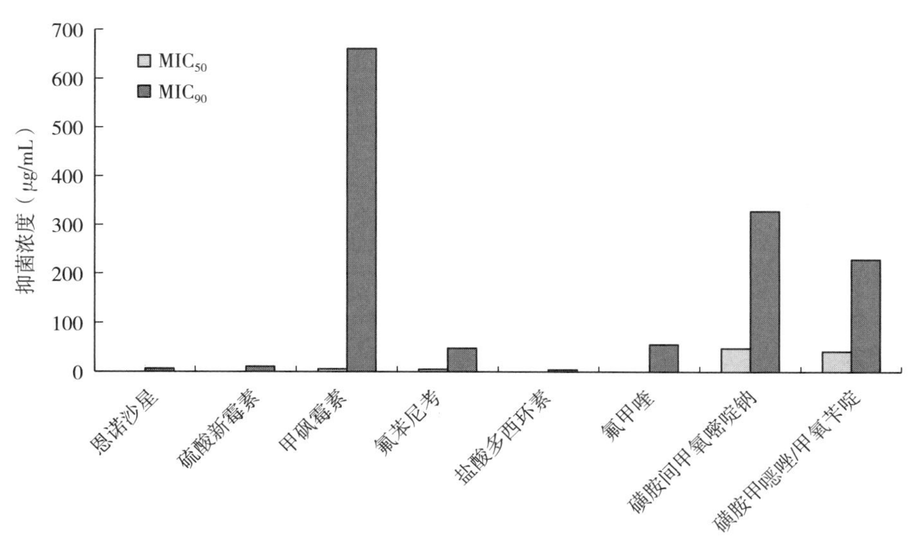

图3　嗜水气单胞菌对8种药物感受性情况

表13　温和气单胞菌对恩诺沙星的感受性分布（n=31）

供试药物	MIC50（μg/mL）	MIC90（μg/mL）	不同药物浓度（μg/mL）下的菌株数（株）											
			≥16	8	4	2	1	0.5	0.25	0.125	0.06	0.03	0.015	≤0.008
恩诺沙星	0.27	2.15	0	2	2	2	5	5	4	8	1	0	1	1

表14　温和气单胞菌对硫酸新霉素和氟甲喹的感受性分布（n=31）

供试药物	MIC50（μg/mL）	MIC90（μg/mL）	不同药物浓度（μg/mL）下的菌株数（株）											
			≥256	128	64	32	16	8	4	2	1	0.5	0.25	≤0.125
硫酸新霉素	0.93	2.09	0	0	0	0	0	0	1	16	12	1	0	1
氟甲喹	0.83	45.21	0	0	3	7	1	2	0	1	1	4	2	10

表15　温和气单胞菌对甲砜霉素和氟苯尼考的感受性分布（n=31）

供试药物	MIC50（μg/mL）	MIC90（μg/mL）	不同药物浓度（μg/mL）下的菌株数（株）											
			≥512	256	128	64	32	16	8	4	2	1	0.5	≤0.25
甲砜霉素	0.43	34.06	2	1	0	2	0	0	0	0	0	8	17	1
氟苯尼考	1.21	10.61	0	1	1	0	0	1	0	1	9	15	2	1

表16　温和气单胞菌对磺胺间甲氧嘧啶钠的感受性分布（n=31）

供试药物	MIC50（μg/mL）	MIC90（μg/mL）	不同药物浓度（μg/mL）下的菌株数（株）									
			≥1 024	512	256	128	64	32	16	8	4	≤2
磺胺间甲氧嘧啶钠	32.34	248.73	3	0	3	4	3	9	3	1	5	0

表 17 温和气单胞菌对磺胺甲噁唑/甲氧苄啶的感受性分布（n=31）

供试药物	MIC_{50}（μg/mL）	MIC_{90}（μg/mL）	不同药物浓度（μg/mL）下的菌株数（株）									
			≥608/32	304/16	152/8	76/4	38/2	19/1	9.5/0.5	4.8/0.25	2.4/0.12	≤1.2/0.06
磺胺甲噁唑/甲氧苄啶	19.49/1.02	204.74/10.89	3	0	3	8	3	4	2	3	3	2

表 18 温和气单胞菌对盐酸多西环素的感受性分布（n=31）

供试药物	MIC_{50}（μg/mL）	MIC_{90}（μg/mL）	不同药物浓度（μg/mL）下的菌株数（株）											
			≥128	64	32	16	8	4	2	1	0.5	0.25	0.125	≤0.06
盐酸多西环素	0.13	1.26	0	0	0	0	1	1	2	3	6	2	5	11

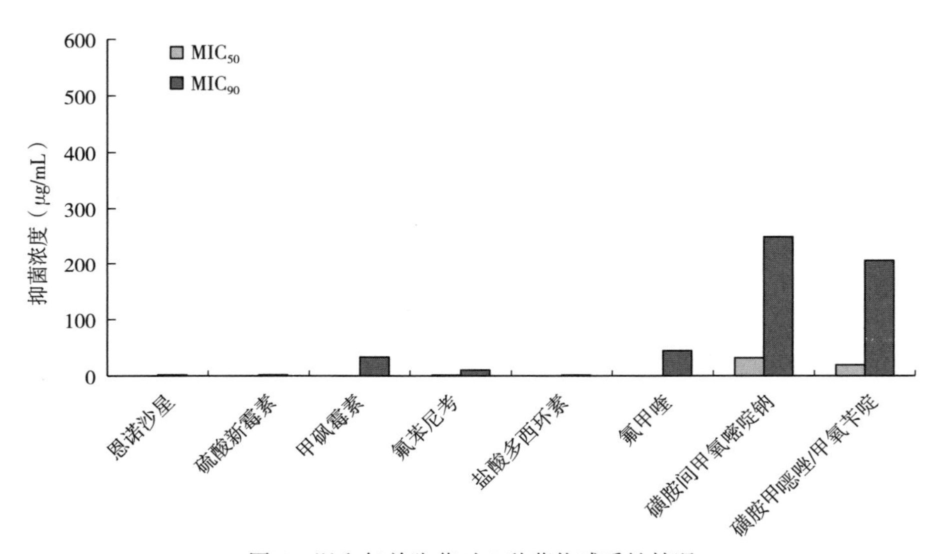

图 4 温和气单胞菌对 8 种药物感受性情况

③维氏气单胞菌对水产用抗菌药物的感受性

8 株维氏气单胞菌对水产用抗菌药物的感受性测定结果如表 19 至表 24、图 5 所示。维氏气单胞菌对硫酸新霉素、盐酸多西环素、恩诺沙星较为敏感，对氟苯尼考、氟甲喹、磺胺间甲氧嘧啶钠、磺胺甲噁唑/甲氧苄啶、甲砜霉素耐受。

表 19 维氏气单胞菌对恩诺沙星的感受性分布（n=8）

供试药物	MIC_{50}（μg/mL）	MIC_{90}（μg/mL）	不同药物浓度（μg/mL）下的菌株数（株）											
			≥16	8	4	2	1	0.5	0.25	0.125	0.06	0.03	0.015	≤0.008
恩诺沙星	0.26	3.39	0	1	0	1	1	1	2	1	0	0	0	1

表20　维氏气单胞菌对硫酸新霉素和氟甲喹的感受性分布（$n=8$）

供试药物	MIC_{50} (μg/mL)	MIC_{90} (μg/mL)	不同药物浓度（μg/mL）下的菌株数（株）											
			≥256	128	64	32	16	8	4	2	1	0.5	0.25	≤0.125
硫酸新霉素	1.41	2.44	0	0	0	0	0	0	1	6	1	0	0	0
氟甲喹	1.16	65.04	5	1	5	1	1	1	0	1	5	5	5	1

表21　维氏气单胞菌对甲砜霉素和氟苯尼考的感受性分布（$n=8$）

供试药物	MIC_{50} (μg/mL)	MIC_{90} (μg/mL)	不同药物浓度（μg/mL）下的菌株数（株）											
			≥512	256	128	64	32	16	8	4	2	1	0.5	≤0.25
甲砜霉素	3.39	1 049.17	2	0	1	0	0	0	0	1	0	0	4	0
氟苯尼考	3.25	49.05	0	3	0	3	3	3	5	3	0	0	0	3

表22　维氏气单胞菌对磺胺间甲氧嘧啶钠的感受性分布（$n=8$）

供试药物	MIC_{50} (μg/mL)	MIC_{90} (μg/mL)	不同药物浓度（μg/mL）下的菌株数（株）									
			≥1 024	512	256	128	64	32	16	8	4	≤2
磺胺间甲氧嘧啶钠	72.63	1 701.49	3	0	1	0	0	2	0	0	2	0

表23　维氏气单胞菌对磺胺甲噁唑/甲氧苄啶的感受性分布（$n=8$）

供试药物	MIC_{50} (μg/mL)	MIC_{90} (μg/mL)	不同药物浓度（μg/mL）下的菌株数（株）									
			≥608/32	304/16	152/8	76/4	38/2	19/1	9.5/0.5	4.8/0.25	2.4/0.12	≤1.2/0.06
磺胺甲噁唑/甲氧苄啶	30.15/1.57	2 932.67/159.17	1	0	0	1	1	0	0	2	0	0

表24　维氏气单胞菌对盐酸多西环素的感受性分布（$n=8$）

供试药物	MIC_{50} (μg/mL)	MIC_{90} (μg/mL)	不同药物浓度（μg/mL）下的菌株数（株）											
			≥128	64	32	16	8	4	2	1	0.5	0.25	0.125	≤0.06
盐酸多西环素	0.16	5.96	0	0	0	1	0	1	1	0	1	0	0	4

④豚鼠气单胞菌对水产用抗菌药物的感受性

2株豚鼠气单胞菌对水产用抗菌药物的感受性测定结果如表25至表30所示，因样本数量较少，不进行MIC_{50}、MIC_{90}数据分析。

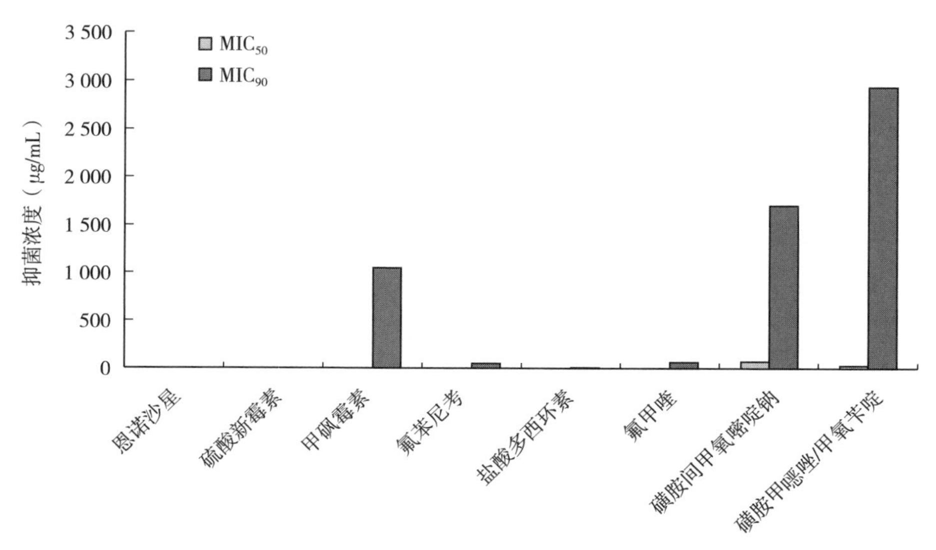

图 5 维氏气单胞菌对 8 种药物感受性情况

表 25 豚鼠气单胞菌对恩诺沙星的感受性分布（$n=2$）

供试药物	不同药物浓度（μg/mL）下的菌株数（株）											
	≥16	8	4	2	1	0.5	0.25	0.125	0.06	0.03	0.015	≤0.008
恩诺沙星	0	1	0	1	0	0	0	0	0	0	0	0

表 26 豚鼠气单胞菌对硫酸新霉素和氟甲喹的感受性分布（$n=2$）

供试药物	不同药物浓度（μg/mL）下的菌株数（株）											
	≥256	128	64	32	16	8	4	2	1	0.5	0.25	≤0.125
硫酸新霉素	0	0	0	0	0	0	1	1	0	0	0	0
氟甲喹	1	0	0	0	0	0	0	1	0	0	0	0

表 27 豚鼠气单胞菌对甲砜霉素和氟苯尼考的感受性分布（$n=2$）

供试药物	不同药物浓度（μg/mL）下的菌株数（株）											
	≥512	256	128	64	32	16	8	4	2	1	0.5	≤0.25
甲砜霉素	1	0	0	0	0	1	0	0	0	0	0	0
氟苯尼考	0	0	1	0	1	0	0	0	0	0	0	0

表 28 豚鼠气单胞菌对磺胺间甲氧嘧啶钠的感受性分布（$n=2$）

供试药物	不同药物浓度（μg/mL）下的菌株数（株）									
	≥1 024	512	256	128	64	32	16	8	4	≤2
磺胺间甲氧嘧啶钠	1	0	1	0	0	0	0	0	0	0

表 29 豚鼠气单胞菌对磺胺甲噁唑/甲氧苄啶的感受性分布（$n=2$）

供试药物	不同药物浓度（μg/mL）下的菌株数（株）									
	≥608/32	304/16	152/8	76/4	38/2	19/1	9.5/0.5	4.8/0.25	2.4/0.12	≤1.2/0.06
磺胺甲噁唑/甲氧苄啶	1	0	1	0	0	0	0	0	0	0

表 30 豚鼠气单胞菌对盐酸多西环素的感受性分布（$n=2$）

供试药物	不同药物浓度（μg/mL）下的菌株数（株）											
	≥128	64	32	16	8	4	2	1	0.5	0.25	0.125	≤0.06
盐酸多西环素	0	0	1	0	0	0	1	0	0	0	0	0

(3) 不同种类气单胞菌对水产用抗菌药物感受性比较

2021 年监测共分离出嗜水气单胞菌 17 株、温和气单胞菌 31 株、维氏气单胞菌 8 株。按菌株种类统计 8 种药物的 MIC_{50} 和 MIC_{90}，结果见表 31 以及图 6、图 7。经单因素方差分析 3 种气单胞菌对恩诺沙星（$P=0.35>0.05$）、硫酸新霉素（$P=0.34>0.05$）、盐酸多西环素（$P=0.25>0.05$）、氟甲喹（$P=0.55>0.05$）、甲砜霉素（$P=0.11>0.05$）、磺胺间甲氧嘧啶钠（$P=0.18>0.05$）、氟苯尼考（$P=0.41>0.05$）的感受性较为一致，$P>0.05$ 表示差异不显著。甲砜霉素对嗜水气单胞菌和维氏气单胞菌的 MIC_{90} 较高，磺胺间甲氧嘧啶钠、磺胺甲噁唑/甲氧苄啶对维氏气单胞菌的 MIC_{90} 较高，可能是由各别菌株 MIC 较高造成的。

表 31 水产用抗菌药物对 3 种气单胞的 MIC_{50} 和 MIC_{90}

供试药物	MIC_{50}（μg/mL）			MIC_{90}（μg/mL）		
	嗜水气单胞菌	温和气单胞菌	维氏气单胞菌	嗜水气单胞菌	温和气单胞菌	维氏气单胞菌
恩诺沙星	0.34	0.27	0.26	6.28	2.15	3.39
硫酸新霉素	0.55	0.93	1.41	10.63	2.09	2.44
甲砜霉素	6.01	0.43	3.39	661.40	34.06	1 049.17
氟苯尼考	5.40	1.21	3.25	48.46	10.61	49.05
盐酸多西环素	0.12	0.13	0.16	4.27	1.26	5.96
氟甲喹	1.12	0.83	1.16	56.36	45.21	65.04
磺胺间甲氧嘧啶钠	48.26	32.34	72.63	328.47	248.73	1 701.49
磺胺甲噁唑/甲氧苄啶	42.04/2.21	19.49/1.02	30.15/1.57	229.05/12.08	204.74/10.89	2 932.67/159.17

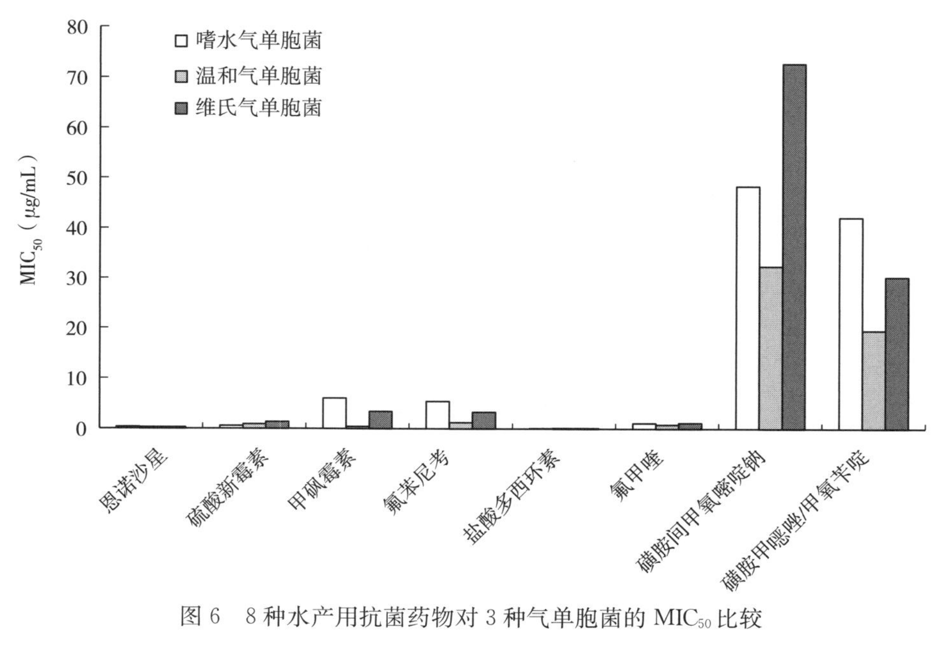

图 6　8 种水产用抗菌药物对 3 种气单胞菌的 MIC_{50} 比较

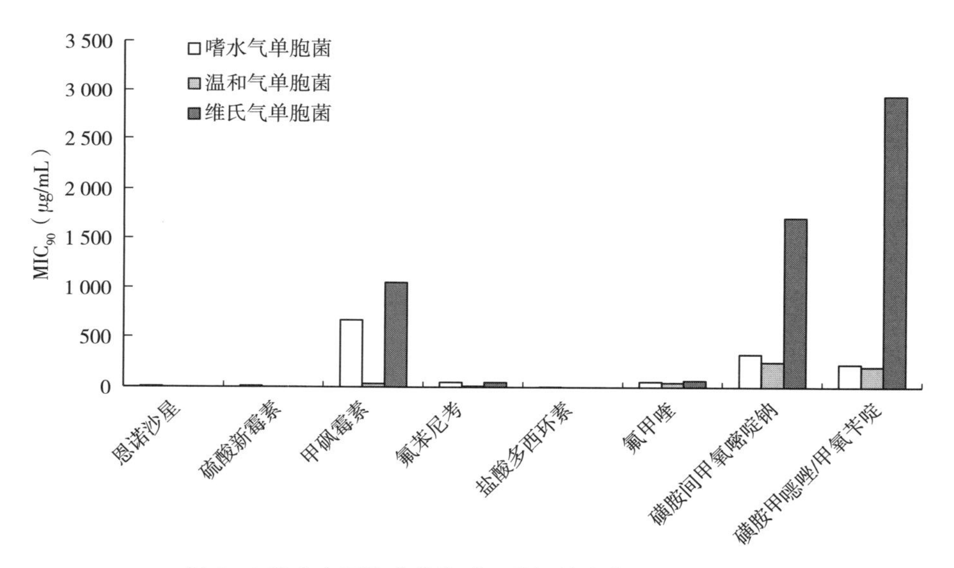

图 7　8 种水产用抗菌药物对 3 种气单胞菌的 MIC_{90} 比较

（4）病原菌耐药性年度变化情况

将 2020 年和 2021 年水产用抗菌药物对鱼源气单胞菌的 MIC_{50} 和 MIC_{90} 进行比较，结果见图 8、图 9。从图中可以看出与 2020 年相比，2021 年氟苯尼考、磺胺间甲氧嘧啶、磺胺甲噁唑/甲氧苄啶对气单胞菌的 MIC_{50} 和 MIC_{90} 均有不同程度的下降，氟甲喹对气单胞菌的 MIC_{50} 和 MIC_{90} 均有不同程度的升高；而 2021 年甲砜霉素对气单胞菌的 MIC_{50} 低于 2020 年的，MIC_{90} 高于 2020 年的。其他药物无明显变化。

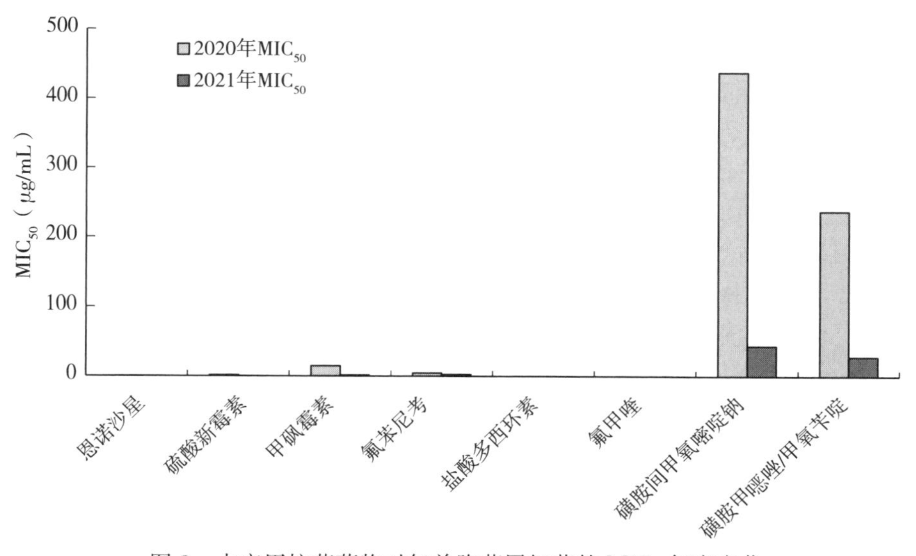

图 8　水产用抗菌药物对气单胞菌属细菌的 MIC_{50} 年度变化

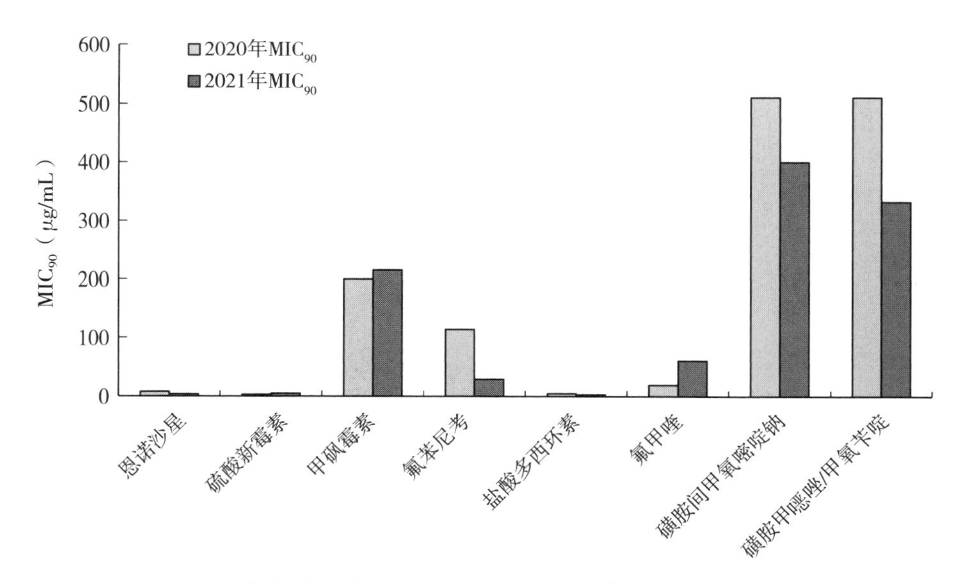

图 9　水产用抗菌药物对气单胞菌属细菌的 MIC_{90} 年度变化

三、分析与建议

本市两个地区分离的气单胞菌属细菌对硫酸新霉素、盐酸多西环素、恩诺沙星比较敏感，与 2020 年监测结果基本一致，说明细菌对上述 3 种水产用抗菌药物的感受性未发生变化，可以继续作为生产中治疗细菌性疾病的首选药物。

氟苯尼考对气单胞菌属细菌的 MIC_{90} 从 2020 年的 114.03μg/mL 下降到 29.11μg/mL，其中对 79.3%的菌株的 MIC 低于 8μg/mL，可能因个别几株细菌 MIC 较高，使氟苯尼考

MIC_{90}较高。氟苯尼考在生产中的用量为10～15mg/kg，因此生产中可根据药敏试验结果决定是否使用此药物，并且在使用中要注意该类药物不要与β-内酯胺类（如青霉素类、头孢菌素类）、氟喹诺酮类以及磺胺类药物一同使用，避免药物发生拮抗作用或者降解失效。

氟甲喹对气单胞菌属细菌的MIC_{90}从2020年的19.02μg/mL上升到60.55μg/mL，但对89.7%的菌株的MIC低于32μg/mL，氟甲喹在生产中的使用剂量为25～50mg/kg，因此生产中可根据药敏试验结果决定是否使用此药物。

磺胺间甲氧嘧啶和磺胺甲噁唑/甲氧苄啶对气单胞菌属细菌的MIC_{90}，2021年较2020年有所降低，但使用剂量仍旧处于较高水平。甲砜霉素对气单胞菌属细菌的MIC_{90}，2021年与2020年均在200μg/mL以上。因此生产中不建议使用磺胺类药物和甲砜霉素。

细菌对抗菌药物的感受性会根据时间、环境、药物的使用等外在因素发生变化，因此时时动态地监控细菌对抗菌药物的感受性才能做到精准用药、科学用药。

2021 年河北省水产养殖动物主要病原菌耐药性状况分析

蒋红艳　张凤贤　杨　蕾　刘晓丽
（河北省水产技术推广总站）

为了解掌握水产养殖主要病原菌耐药性情况及变化规律，指导科学使用水产用抗菌药物，提高细菌性病害防控成效，推动渔业绿色高质量发展，河北省对衡水地区 2 个场点的养殖品种进行病原菌耐药性分析，重点从鲤、草鱼两种养殖品种中分离得到气单胞菌属病原菌，并测定其对 8 种水产用抗菌药物的敏感性，具体结果如下。

一、材料和方法

1. 样品采集

4—10 月，每月自监测点采样 1 次，样品种类为鲤、草鱼，每个场点每份样品挑选有症状的个体 3 尾。由实验室检测人员在现场进行无菌操作分离病原菌。

2. 病原菌分离筛选

采集典型的病灶部位样本接种于 BHIA 培养基、RS 琼脂培养基进行细菌分离；对于无病症样本则选取肝、脾、肾、鳃接种于 BHIA 培养基进行细菌纯化。

3. 病原菌鉴定及保存

纯化好的细菌用 20%甘油冷冻保存菌种。同时将增殖菌株进行测序鉴定，筛选出细菌进行后续试验。

二、药敏测试结果

1. 病原菌分离鉴定总体情况

2021 年 4—10 月共分离细菌 3 种，鉴定出鲤、草鱼气单胞菌属致病菌 80 株。其中，维氏气单胞菌 74 株（92.50%）、嗜水气单胞菌 5 株（6.25%）、温和气单胞菌 1 株（1.25%），见表 1、图 1。

表 1　分离气单胞菌株数量和时间

分离时间	气单胞菌株数（株）			合计
	维氏气单胞菌	嗜水气单胞菌	温和气单胞菌	
4 月	6	2		8
5 月	13	1		14
6 月	17		1	18
7 月	13			13
8 月	7	2		9
9 月	4			4
10 月	14			14
总计	74（92.50%）	5（6.25%）	1（1.25%）	80

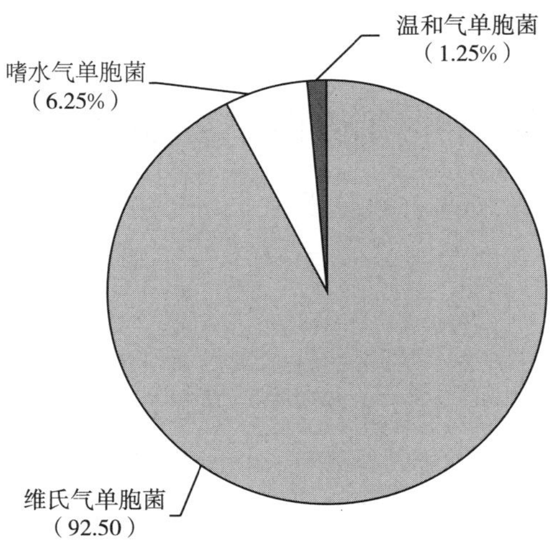

图 1　2021 年河北省分离病原菌概况

2. 病原菌耐药性分析

（1）维氏气单胞菌对水产用抗菌药物感受性

4—10 月份共分离到 74 株维氏气单胞菌，根据水产用抗菌药物对该 74 株维氏气单胞菌的最小抑菌浓度（MIC）测定，维氏气单胞菌对水产用抗菌药物感受性的测定结果如表 2 至表 9 所示。

表 2　维氏气单胞菌对恩诺沙星的感受性（n=74）

供试药物	不同药物浓度（μg/mL）下的菌株数（株）											
	16	8	4	2	1	0.5	0.25	0.125	0.06	0.03	0.015	0.008
恩诺沙星		4	1		4	4	11	8	7	5	3	27

表 3　维氏气单胞菌对硫酸新霉素的感受性（n=74）

供试药物	不同药物浓度（μg/mL）下的菌株数（株）											
	256	128	64	32	16	8	4	2	1	0.5	0.25	0.125
硫酸新霉素							15	33	20	6		

表 4　维氏气单胞菌对甲砜霉素的感受性（n=74）

供试药物	不同药物浓度（μg/mL）下的菌株数（株）											
	512	256	128	64	32	16	8	4	2	1	0.5	0.25
甲砜霉素	7	1					2		2	17	42	3

表 5　维氏气单胞菌对氟苯尼考的感受性（n=74）

供试药物	不同药物浓度（μg/mL）下的菌株数（株）											
	512	256	128	64	32	16	8	4	2	1	0.5	0.25
氟苯尼考	2		3	2			2	2	5	50	7	1

表6　维氏气单胞菌对盐酸多西环素的感受性（n=74）

供试药物	不同药物浓度（μg/mL）下的菌株数（株）											
	128	64	32	16	8	4	2	1	0.5	0.25	0.125	0.06
盐酸多西环素		1	1		3	6	4	2	1		4	52

表7　维氏气单胞菌对氟甲喹的感受性（n=74）

供试药物	不同药物浓度（μg/mL）下的菌株数（株）											
	256	128	64	32	16	8	4	2	1	0.5	0.25	0.125
氟甲喹	1		1	1	4	1		4	1	1	1	59

表8　维氏气单胞菌对磺胺间甲氧嘧啶钠的感受性（n=74）

供试药物	不同药物浓度（μg/mL）下的菌株数（株）									
	1 024	512	256	128	64	32	16	8	4	2
磺胺间甲氧嘧啶钠	1	1	3	5	4	7	20	26	6	1

表9　维氏气单胞菌对磺胺甲噁唑/甲氧苄啶的感受性（n=74）

供试药物	不同药物浓度（μg/mL）下的菌株数（株）									
	608/32	304/16	152/8	76/4	38/2	19/1	9.5/0.5	4.8/0.25	2.4/0.12	1.2/0.06
磺胺甲噁唑/甲氧苄啶	1		2	2	6	5	9	24	20	5

（2）嗜水气单胞菌对水产用抗菌药物感受性

4—10月共分离到5株嗜水气单胞菌，根据水产用抗菌药物对该5株嗜水气单胞菌的最小抑菌浓度（MIC），嗜水气单胞菌对水产用抗菌药物的感受性测定的结果如表10至表17所示。

表10　嗜水气单胞菌对恩诺沙星的感受性（n=5）

供试药物	不同药物浓度（μg/mL）下的菌株数（株）											
	16	8	4	2	1	0.5	0.25	0.125	0.06	0.03	0.015	0.008
恩诺沙星					1	1	1	2				

表11　嗜水气单胞菌对硫酸新霉素的感受性（n=5）

供试药物	不同药物浓度（μg/mL）下的菌株数（株）											
	256	128	64	32	16	8	4	2	1	0.5	0.25	0.125
硫酸新霉素								3	2			

表 12　嗜水气单胞菌对甲砜霉素的感受性（$n=5$）

供试药物	不同药物浓度（μg/mL）下的菌株数（株）											
	512	256	128	64	32	16	8	4	2	1	0.5	0.25
甲砜霉素	2										3	

表 13　嗜水气单胞菌对氟苯尼考的感受性（$n=5$）

供试药物	不同药物浓度（μg/mL）下的菌株数（株）											
	512	256	128	64	32	16	8	4	2	1	0.5	0.25
氟苯尼考				2						3		

表 14　嗜水气单胞菌对盐酸多西环素的感受性（$n=5$）

供试药物	不同药物浓度（μg/mL）下的菌株数（株）											
	128	64	32	16	8	4	2	1	0.5	0.25	0.125	0.06
盐酸多西环素												5

表 15　嗜水气单胞菌对氟甲喹的感受性（$n=5$）

供试药物	不同药物浓度（μg/mL）下的菌株数（株）											
	256	128	64	32	16	8	4	2	1	0.5	0.25	0.125
氟甲喹					1					1		3

表 16　嗜水气单胞菌对磺胺间甲氧嘧啶钠的感受性（$n=5$）

供试药物	不同药物浓度（μg/mL）下的菌株数（株）									
	1 024	512	256	128	64	32	16	8	4	2
磺胺间甲氧嘧啶钠							1	4		

表 17　嗜水气单胞菌对磺胺甲噁唑/甲氧苄啶的感受性（$n=5$）

供试药物	不同药物浓度（μg/mL）下的菌株数（株）									
	608/32	304/16	152/8	76/4	38/2	19/1	9.5/0.5	4.8/0.25	2.4/0.12	1.2/0.06
磺胺甲噁唑/甲氧苄啶								1	4	

（3）温和气单胞菌对水产用抗菌药物感受性

6 月分离到 1 株温和气单胞菌，根据水产用抗菌药物对该株温和气单胞菌的最小抑菌浓度（MIC）测定，温和气单胞菌对水产用抗菌药物的感受性测定的结果如表 18 至表 25 所示。

表 18　温和气单胞菌对恩诺沙星的感受性

供试药物	不同药物浓度（μg/mL）下的菌株数（株）											
	16	8	4	2	1	0.5	0.25	0.125	0.06	0.03	0.015	0.008
恩诺沙星					1							

表 19　温和气单胞菌对硫酸新霉素的感受性

供试药物	不同药物浓度（μg/mL）下的菌株数（株）											
	256	128	64	32	16	8	4	2	1	0.5	0.25	0.125
硫酸新霉素								1				

表 20　温和气单胞菌对甲砜霉素的感受性

供试药物	不同药物浓度（μg/mL）下的菌株数（株）											
	512	256	128	64	32	16	8	4	2	1	0.5	0.25
甲砜霉素	1											

表 21　温和气单胞菌对氟苯尼考的感受性

供试药物	不同药物浓度（μg/mL）下的菌株数（株）											
	512	256	128	64	32	16	8	4	2	1	0.5	0.25
氟苯尼考				1								

表 22　温和气单胞菌对盐酸多西环素的感受性

供试药物	不同药物浓度（μg/mL）下的菌株数（株）											
	128	64	32	16	8	4	2	1	0.5	0.25	0.125	0.06
盐酸多西环素								1				

表 23　温和气单胞菌对氟甲喹的感受性

供试药物	不同药物浓度（μg/mL）下的菌株数（株）											
	256	128	64	32	16	8	4	2	1	0.5	0.25	0.125
氟甲喹					1							

表 24　温和气单胞菌对磺胺间甲氧嘧啶钠的感受性

供试药物	不同药物浓度（μg/mL）下的菌株数（株）									
	1 024	512	256	128	64	32	16	8	4	2
磺胺间甲氧嘧啶钠	1									

表 25 温和气单胞菌对磺胺甲噁唑/甲氧苄啶的感受性

供试药物	不同药物浓度（μg/mL）下的菌株数（株）									
	608/32	304/16	152/8	76/4	38/2	19/1	9.5/0.5	4.8/0.25	2.4/0.12	1.2/0.06
磺胺甲噁唑/甲氧苄啶	1									

3. 耐药性变化情况

（1）2020 年共分离出鲤、草鱼气单胞菌属致病菌 60 株共 5 种。包括：温和气单胞菌 23 株、嗜水气单胞菌 15 株、杀鲑气单胞菌 8 株、中间气单胞菌 9 株和维氏气单胞菌 5 株，其中温和气单胞菌和嗜水气单胞菌占总菌株的 63.33%。2021 年共分离出鲤、草鱼气单胞菌属致病菌 80 株共 3 种。包括：维氏气单胞菌 74 株、嗜水气单胞菌 5 株、温和气单胞菌 1 株，其中维氏气单胞菌占总菌株的 92.50%。与 2020 年相比，2021 年分离出的气单胞菌株在种类上发生了很大的变化，由嗜水气单胞菌和温和气单胞菌为主，变为以维氏气单胞菌为主。

（2）2020 年，硫酸新霉素、甲砜霉素、氟苯尼考这 3 种水产用抗菌药物对 5 种气单胞菌的 MIC 相对集中且处于中浓度区，为 1.56～25μg/mL 之间，偶见耐药性。2021 年，甲砜霉素、氟苯尼考这 2 种水产用抗菌药物对 3 种气单胞菌的 MIC 相对集中且处于中浓度区，为 0.25～8μg/mL 之间；盐酸多西环素对 3 种气单胞菌的 MIC 相对集中且处于低浓度区，为 0.06～4μg/mL 之间，偶见耐药性。与 2020 年相比，2021 年的气单胞菌对甲砜霉素和氟苯尼考的耐药性明显增加，由 2020 年的 8.33%提高到 2021 年的 11.25%。

三、分析与建议

1. 气单胞菌分离培养结果分析

2021 年，共分离到 3 种 80 株气单胞菌，分别是维氏气单胞菌、嗜水气单胞菌、温和气单胞菌。其中维氏气单胞菌分离比例 92.5%，而温和气单胞菌、嗜水气单胞菌与维氏气单胞菌存在共生的现象，未成为优势菌。

从分离品种和部位来看，鲤、草鱼感染气单胞菌比例未见明显差异。

2. 水生动物致病菌药物感受性分析

从抗菌抑菌药物敏感性试验结果来看，未发现这 3 种气单胞菌的药物敏感性存在显著差异。恩诺沙星对气单胞菌的 MIC 集中在低浓度区，在 1μg/mL 以下，这种水产用抗菌药物可优先考虑用于气单胞菌所引起疾病的治疗和控制；盐酸多西环素和氟甲喹对气单胞菌的 MIC 集中在低浓度区，在 4μg/mL 以下，偶见耐药性，因此选用此类水产用抗菌药物需结合实际情况，慎重选用；硫酸新霉素、甲砜霉素、氟苯尼考对气单胞菌的 MIC 集中且处于中浓度区，MIC 在 0.5～8μg/mL 之间，但在甲砜霉素、氟苯尼考中偶见耐药性菌株；磺胺间甲氧嘧啶钠对气单胞菌的 MIC 集中且处于高浓度区，MIC 在 4～128μg/mL 之间；磺胺甲噁唑/甲氧苄啶对气单胞菌的 MIC 分布相对离散，存在敏感菌株的同时也存在一定比例的耐药菌株，在选用此类水产用抗菌药物之前，应结合菌株药物感受性试验结果作为用药剂量的指导依据。

虽然在该地区气单胞菌并未引起水生动物大范围发病，但是对多种水产用抗菌药物均有耐药菌株的存在提示养殖户应提高对该致病菌的警惕。

3. 选择用药建议

根据我站参加“水产养殖主要病原微生物耐药性普查”项目的试验结果，河北省鲤、草鱼所分离的气单胞菌对恩诺沙星、盐酸多西环素和氟甲喹这 3 种水产用抗菌药物较为敏感，且恩诺沙星效果优于盐酸多西环素和氟甲喹；对磺胺间甲氧嘧啶钠和磺胺甲噁唑/甲氧苄啶敏感性较低，在实际生产中不建议大量使用；对硫酸新霉素、甲砜霉素和氟苯尼考这 3 种水产用抗菌药物中度敏感。因此，在实际生产过程中，应结合水产用抗菌药物敏感性试验结果合理使用，避免滥用药。

2021年辽宁省水产养殖动物主要病原菌耐药性状况分析

徐小雅　郭欣硕　唐治宇　关　丽　罗　靳
（辽宁省现代农业生产基地建设工程中心）

为了解掌握水产养殖主要病原菌耐药性情况及变化规律，指导科学使用水产用抗菌药物，提高细菌性病害防控成效，推动渔业绿色高质量发展，辽宁省重点从大菱鲆养殖品种中分离得到大菱鲆弧菌、大西洋弧菌、嗜环弧菌等病原菌，并测定其对8种水产用抗菌药物的敏感性，具体结果如下。

一、材料和方法

1. 样品采集

2021年4—10月，分别从葫芦岛市兴城市大菱鲆养殖区的两个养殖场（兴城市永康养殖场、兴城菊花岛海产品有限公司），采集具有典型病症的大菱鲆，进行现场活体解剖，并记录该养殖场当月发病情况、用药信息等。

2. 病原菌分离筛选

无菌条件下，选取肝、脾、肾及其病灶部位分别接种于选择性培养基（TCBS培养基），28℃±1℃培养18～24h，观察其菌落特征，挑取可疑的单个菌落，接种于普通营养琼脂培养基上，28℃±1℃培养18～24h以得到纯培养物。

3. 病原菌鉴定及保存

将纯化好的菌株穿刺接种于营养琼脂斜面培养基中，28℃±1℃培养18～24h，封口后送至上海海洋大学进行菌株鉴定。将纯化好的菌株接种于普通营养肉汤中，适宜温度增菌培养16～20h后，分装于2mL无菌管中，加灭菌甘油使其含量达30%，充分混匀，－80℃保存。

二、药敏测试结果

1. 病原菌分离鉴定总体情况

本年度共采集大菱鲆42尾，接种TCBS培养基140份，共分离培养菌株合计192株。其中弧菌属158株，约占总菌株数的82%；其他菌株34株，约占总菌株数的18%。采样信息及菌株采集情况详见表1。将分离得到的158株弧菌属菌株通过分子生物学（PCR）鉴定出14个种类，详见表2。其中，大菱鲆弧菌80株，约占弧菌总数的51%；托兰宗弧菌11株，约占弧菌总数的7%；大西洋弧菌10株，约占弧菌总数的6%；其他弧菌相对数量较少。从表1可以看出，弧菌属在辽宁省葫芦岛地区不同养殖场、不同月份都有检出，表明其在该地区养殖大菱鲆体内广泛存在，常年均可分离得到，可以得知弧菌可能是引起该地区大菱鲆发病的主要病原菌。从表2可以看出，大菱鲆弧菌在各个月份都有检出，提示葫芦岛地区养殖大菱鲆过程中可将大菱鲆弧菌的防治作为病害防治的重点。另外，弧菌为条件性致病菌，养殖户在实际生产中需要结合临床情况以及发病时菌株分离结果进行科学防治。

表 1　辽宁省采样信息及菌株采集情况

采样时间	水温（℃）	大菱鲆（尾）	采集样品（份）	分离菌株（株）	弧菌（株）	其他（株）
4 月 16 日	10～14	6	20	32	29	3
5 月 14 日	11～15	6	20	27	23	4
6 月 11 日	14～17	6	20	23	16	7
7 月 16 日	14～17	6	20	33	30	3
8 月 24 日	15～18	6	20	23	15	8
9 月 16 日	16～18	6	20	26	21	5
10 月 14 日	14～17	6	20	28	24	4
合计		42	140	192	158	34

表 2　辽宁省 158 株弧菌菌株分离及鉴定结果

单位：株

名称	4 月	5 月	6 月	7 月	8 月	9 月	10 月	合计
大菱鲆弧菌	17	14	10	3	12	10	14	80
托兰宗弧菌	4		1	5		1		11
大西洋弧菌		1	1	5		3		10
灿烂弧菌	1	1		5			1	8
卡那罗弧菌			1	4		1		6
嗜环弧菌	1			3				4
塔斯马尼亚弧菌			1	1			1	3
中华弧菌		1	1	1			3	6
溶藻弧菌							2	2
牙鲆肠弧菌	1							1
费氏弧菌						1		1
加氏弧菌				1				1
红珊瑚弧菌							1	1
Vibrio hibernica	1							1
弧菌属	4	6	1	2	3	5	2	23
合计	29	23	16	30	15	21	24	158

2. 病原菌耐药性分析

根据美国临床实验室标准研究所（CLSI）发布的药物敏感性及耐药性标准，对药物的敏感性及耐药性判定范围划分如下：恩诺沙星（S 敏感：MIC≤0.5μg/mL，R 耐药：MIC≥4μg/mL）；氟苯尼考、硫酸新霉素（S 敏感：MIC≤2μg/mL，I 中介：MIC=4μg/mL，R 耐药：MIC≥8μg/mL）；盐酸多西环素（S 敏感：MIC≤4μg/mL，I 中介：MIC=8μg/mL，R 耐药：MIC≥16μg/mL）；甲砜霉素、氟甲喹（S 敏感：MIC≤8μg/mL，I 中介：MIC=16μg/mL，R 耐药：MIC≥32μg/mL）；磺胺甲噁唑/甲氧苄啶（S 敏感：MIC≤38/2μg/mL，I 中介：MIC=76/4μg/mL，R 耐药：MIC≥158/8μg/mL）；磺胺间甲氧嘧啶钠（S 敏感：MIC≤256μg/mL，R 耐药：MIC≥512μg/mL）。依照这一划分范围，将大菱鲆源弧菌对各种水产用抗菌药物 MIC 测定结果进行判定，并使用 SPSS 软件对其 MIC_{50} 与 MIC_{90} 进行统计分析。

（1）大菱鲆源弧菌感受性总体情况

从分离得到的 158 株弧菌中选取有代表性的 77 株，用 8 种水产用抗菌药物药敏试剂板对其进行药物敏感性试验，其结果详见表 3 至表 8。MIC_{50} 和 MIC_{90} 对比见图 1。

表 3 大菱鲆源弧菌对恩诺沙星的感受性（n=77）

供试药物	MIC_{50}（μg/mL）	MIC_{90}（μg/mL）	不同药物浓度（μg/mL）下的菌株数（株）											
			≥16	8	4	2	1	0.5	0.25	0.125	0.06	0.03	0.015	≤0.008
恩诺沙星	0.05	0.36			2	2	4	3	5	8	25	15	11	2

表 4 大菱鲆源弧菌对硫酸新霉素、氟甲喹的感受性（n=77）

供试药物	MIC_{50}（μg/mL）	MIC_{90}（μg/mL）	不同药物浓度（μg/mL）下的菌株数（株）											
			≥256	128	64	32	16	8	4	2	1	0.5	0.25	≤0.125
硫酸新霉素	0.30	1.24						1	3	6	14	20	17	16
氟甲喹	0.01	0.42					1	1	3	2		3	1	66

表 5 大菱鲆源弧菌对甲砜霉素、氟苯尼考的感受性（n=77）

供试药物	MIC_{50}（μg/mL）	MIC_{90}（μg/mL）	不同药物浓度（μg/mL）下的菌株数（株）											
			≥512	256	128	64	32	16	8	4	2	1	0.5	0.25
甲砜霉素	2.31	78.67	3	7	2	5	3		7	4	12	11	19	4
氟苯尼考	2.33	19.79			2	9	4	4	2	2	21	30	3	

表 6 大菱鲆源弧菌对盐酸多西环素的感受性（n=77）

供试药物	MIC_{50}（μg/mL）	MIC_{90}（μg/mL）	不同药物浓度（μg/mL）下的菌株数（株）											
			≥128	64	32	16	8	4	2	1	0.5	0.25	0.125	≤0.06
盐酸多西环素	0.01	0.72				2	2	2	3			9	5	54

表 7 大菱鲆源弧菌对磺胺间甲氧嘧啶钠的感受性（n=77）

供试药物	MIC_{50}（μg/mL）	MIC_{90}（μg/mL）	不同药物浓度（μg/mL）下的菌株数（株）									
			≥1 024	512	256	128	64	32	16	8	4	≤2
磺胺间甲氧嘧啶钠	3.76	34.35			2	4	3	4	11	13	14	26

表 8　大菱鲆源弧菌对磺胺甲噁唑/甲氧苄啶的感受性（n=77）

供试药物	MIC50 (μg/mL)	MIC90 (μg/mL)	不同药物浓度（μg/mL）下的菌株数（株）									
			≥608/32	304/16	152/8	76/4	38/2	19/1	9.5/0.5	4.8/0.25	2.4/0.12	≤1.2/0.06
磺胺甲噁唑/甲氧苄啶	1.72/0.09	22.76/1.19			2	4	6	6	2	12	12	33

可以看出，大菱鲆源弧菌对各种水产用抗菌药物的敏感性各有不同，恩诺沙星、氟甲喹、盐酸多西环素、硫酸新霉素 4 种药物的 MIC 分别集中在≤0.008～4μg/mL、≤0.125～16μg/mL、≤0.06～16μg/mL、≤0.125～8μg/mL，MIC_{90} 分别为 0.36μg/mL、0.42μg/mL、0.72μg/mL，1.24μg/mL，MIC_{90} 相对较低，表明其敏感性较高，敏感率分别为 90%、99%、95%、95%；磺胺甲噁唑/甲氧苄啶 MIC 分布于≤1.2/0.06～152/8μg/mL，仅有 2 株 MIC 为 152/8μg /mL，其 MIC_{90} 为 22.76/1.19μg /mL，也表现出相对敏感，敏感率为 92%；甲砜霉素 MIC 分布于 0.25～8μg/mL 和 32～≥512μg/mL，MIC_{90} 为 78.67μg/mL，敏感率为 74%；氟苯尼考 MIC 分布于 0.5～128μg/mL，MIC_{90} 为 19.79μg/mL，敏感率为 70%；磺胺间甲氧嘧啶钠 MIC 分布于≤2～256μg/mL，MIC_{90} 为 34.35μg/mL，敏感率为 100%。

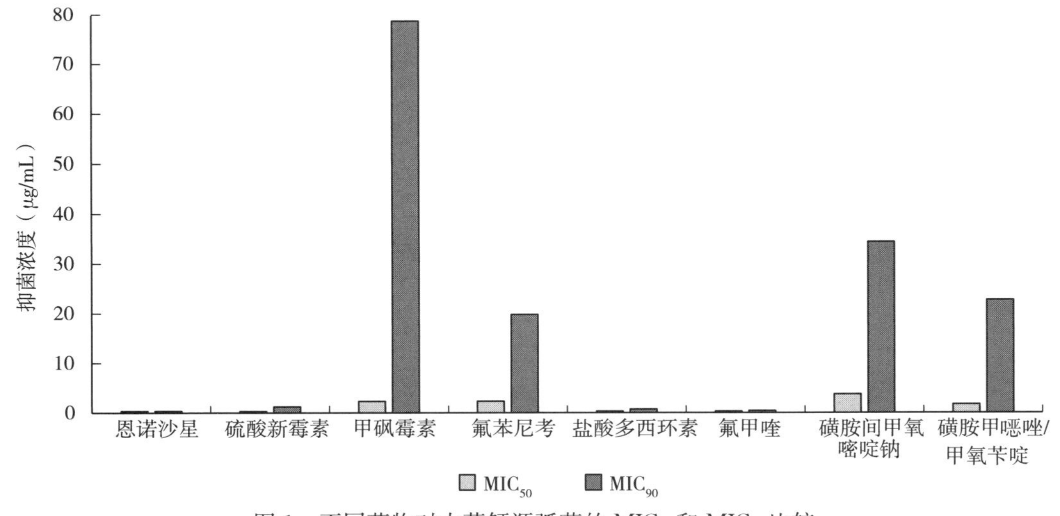

图 1　不同药物对大菱鲆源弧菌的 MIC_{50} 和 MIC_{90} 比较

（2）不同种类病原菌的感受性情况

①大菱鲆弧菌对水产用抗菌药物的感受性

35 株大菱鲆弧菌对各种水产用抗菌药物的感受性结果如表 9 至表 14 所示，大菱鲆弧菌对恩诺沙星、盐酸多西环素、氟甲喹、硫酸新霉素、磺胺间甲氧嘧啶钠比较敏感，MIC_{90} 分别为 0.32μg/mL、0.70μg/mL、0.73μg/mL、1.55μg/mL、59.27μg/mL。

表 9 大菱鲆弧菌对恩诺沙星的感受性（n=35）

供试药物	MIC$_{50}$（μg/mL）	MIC$_{90}$（μg/mL）	不同药物浓度（μg/mL）下的菌株数（株）											
			≥16	8	4	2	1	0.5	0.25	0.125	0.06	0.03	0.015	≤0.008
恩诺沙星	0.05	0.32				2	3		1	3	10	9	7	

表 10 大菱鲆弧菌对硫酸新霉素、氟甲喹的感受性（n=35）

供试药物	MIC$_{50}$（μg/mL）	MIC$_{90}$（μg/mL）	不同药物浓度（μg/mL）下的菌株数（株）											
			≥256	128	64	32	16	8	4	2	1	0.5	0.25	≤0.125
硫酸新霉素	0.36	1.55							3	4	8	5	9	6
氟甲喹	0.01	0.73					1		2	2			1	29

表 11 大菱鲆弧菌对甲砜霉素、氟苯尼考的感受性（n=35）

供试药物	MIC$_{50}$（μg/mL）	MIC$_{90}$（μg/mL）	不同药物浓度（μg/mL）下的菌株数（株）											
			≥512	256	128	64	32	16	8	4	2	1	0.5	0.25
甲砜霉素	1.86	129.36	1	6	2				1	2	5	8	6	4
氟苯尼考	2.01	23.51			1	7				1	6	18	2	

表 12 大菱鲆弧菌对硫酸新霉素的感受性（n=35）

供试药物	MIC$_{50}$（μg/mL）	MIC$_{90}$（μg/mL）	不同药物浓度（μg/mL）下的菌株数（株）											
			≥128	64	32	16	8	4	2	1	0.5	0.25	0.125	≤0.06
盐酸多西环素	0.01	0.70				2			2			4	1	26

表 13 大菱鲆弧菌对磺胺间甲氧嘧啶钠的感受性（n=35）

供试药物	MIC$_{50}$（μg/mL）	MIC$_{90}$（μg/mL）	不同药物浓度（μg/mL）下的菌株数（株）									
			≥1 024	512	256	128	64	32	16	8	4	≤2
磺胺间甲氧嘧啶钠	2.62	59.27			2	3	2	3	1	1	7	16

表 14 大菱鲆弧菌对磺胺甲噁唑/甲氧苄啶的感受性（n=35）

供试药物	MIC$_{50}$（μg/mL）	MIC$_{90}$（μg/mL）	不同药物浓度（μg/mL）下的菌株数（株）									
			≥608/32	304/16	152/8	76/4	38/2	19/1	9.5/0.5	4.8/0.25	2.4/0.12	≤1.2/0.06
磺胺甲噁唑/甲氧苄啶	1.09/0.05	39.85/2.1			2	3	4	1	1	1	2	21

②托兰宗弧菌对水产用抗菌药物的感受性

8 株托兰宗弧菌对各种水产用抗菌药物的感受性结果如表 15 至表 20 所示，托兰宗弧菌对恩诺沙星、氟甲喹、硫酸新霉素、盐酸多西环素、磺胺间甲氧嘧啶钠比较敏感，

MIC_{90}分别为0.15μg/mL、0.29μg/mL、0.36μg/mL、2.90μg/mL、25.97μg/mL。

表15　托兰宗弧菌对恩诺沙星的感受性（n=8）

供试药物	MIC_{50}（μg/mL）	MIC_{90}（μg/mL）	不同药物浓度（μg/mL）下的菌株数（株）											
			≥16	8	4	2	1	0.5	0.25	0.125	0.06	0.03	0.015	≤0.008
恩诺沙星	0.07	0.15							2	2	4			

表16　托兰宗弧菌对硫酸新霉素、氟甲喹感受性（n=8）

供试药物	MIC_{50}（μg/mL）	MIC_{90}（μg/mL）	不同药物浓度（μg/mL）下的菌株数（株）											
			≥256	128	64	32	16	8	4	2	1	0.5	0.25	≤0.125
硫酸新霉素	0.18	0.36										2	4	2
氟甲喹	0.08	0.29										2		6

表17　托兰宗弧菌对甲砜霉素、氟苯尼考的感受性（n=8）

供试药物	MIC_{50}（μg/mL）	MIC_{90}（μg/mL）	不同药物浓度（μg/mL）下的菌株数（株）											
			≥512	256	128	64	32	16	8	4	2	1	0.5	0.25
甲砜霉素	1.54	13.68					1		3				4	
氟苯尼考	6.67	31.99				1	1	3			3			

表18　托兰宗弧菌对硫酸新霉素的感受性（n=8）

供试药物	MIC_{50}（μg/mL）	MIC_{90}（μg/mL）	不同药物浓度（μg/mL）下的菌株数（株）											
			≥128	64	32	16	8	4	2	1	0.5	0.25	0.125	≤0.06
盐酸多西环素	0.11	2.90						2	1				1	4

表19　托兰宗弧菌对磺胺间甲氧嘧啶钠的感受性（n=8）

供试药物	MIC_{50}（μg/mL）	MIC_{90}（μg/mL）	不同药物浓度（μg/mL）下的菌株数（株）									
			≥1 024	512	256	128	64	32	16	8	4	≤2
磺胺间甲氧嘧啶钠	7.88	25.97					1		3	3		1

表20　托兰宗弧菌对磺胺甲噁唑/甲氧苄啶的感受性（n=8）

供试药物	MIC_{50}（μg/mL）	MIC_{90}（μg/mL）	不同药物浓度（μg/mL）下的菌株数（株）									
			≥608/32	304/16	152/8	76/4	38/2	19/1	9.5/0.5	4.8/0.25	2.4/0.12	≤1.2/0.06
磺胺甲噁唑/甲氧苄啶	8.97/0.47	36.52/1.95					2	4		1		1

③大西洋弧菌对水产用抗菌药物的感受性

8株大西洋弧菌对各种水产用抗菌药物的感受性结果如表21至表26所示，大西洋弧菌对盐酸多西环素、硫酸新霉素、恩诺沙星、氟甲喹、氟苯尼考、磺胺间甲氧嘧啶钠、磺胺甲噁唑/甲氧苄啶较为敏感，MIC_{90} 分别为 0.07μg/mL、0.81μg/mL、0.90μg/mL、1.27μg/mL、2.47μg/mL、13.27μg/mL、5.17/0.27μg/mL。

表 21 大西洋弧菌对恩诺沙星的感受性（n=8）

供试药物	MIC_{50}（μg/mL）	MIC_{90}（μg/mL）	不同药物浓度（μg/mL）下的菌株数（株）											
			≥16	8	4	2	1	0.5	0.25	0.125	0.06	0.03	0.015	≤0.008
恩诺沙星	0.13	0.90			1			2		1	3	1		

表 22 大西洋弧菌对硫酸新霉素、氟甲喹的感受性（n=8）

供试药物	MIC_{50}（μg/mL）	MIC_{90}（μg/mL）	不同药物浓度（μg/mL）下的菌株数（株）											
			≥256	128	64	32	16	8	4	2	1	0.5	0.25	≤0.125
硫酸新霉素	0.34	0.81									3	3	1	1
氟甲喹	0.03	1.27						1				1		6

表 23 大西洋弧菌对甲砜霉素、氟苯尼考的感受性（n=8）

供试药物	MIC_{50}（μg/mL）	MIC_{90}（μg/mL）	不同药物浓度（μg/mL）下的菌株数（株）											
			≥512	256	128	64	32	16	8	4	2	1	0.5	0.25
甲砜霉素	3.10	27.48				2			1		3	2		
氟苯尼考	1.43	2.47								1	6	1		

表 24 大西洋弧菌对硫酸新霉素的感受性（n=8）

供试药物	MIC_{50}（μg/mL）	MIC_{90}（μg/mL）	不同药物浓度（μg/mL）下的菌株数（株）											
			≥128	64	32	16	8	4	2	1	0.5	0.25	0.125	≤0.06
盐酸多西环素	0.02	0.07											1	7

表 25 大西洋弧菌对磺胺间甲氧嘧啶钠的感受性（n=8）

供试药物	MIC_{50}（μg/mL）	MIC_{90}（μg/mL）	不同药物浓度（μg/mL）下的菌株数（株）									
			≥1 024	512	256	128	64	32	16	8	4	≤2
磺胺间甲氧嘧啶钠	4.53	13.27							3	2	1	2

表 26 大西洋弧菌对磺胺甲噁唑/甲氧苄啶的感受性（n=8）

供试药物	MIC_{50}（μg/mL）	MIC_{90}（μg/mL）	不同药物浓度（μg/mL）下的菌株数（株）									
			≥608/32	304/16	152/8	76/4	38/2	19/1	9.5/0.5	4.8/0.25	2.4/0.12	≤1.2/0.06
磺胺甲噁唑/甲氧苄啶	2.13/0.11	5.17/0.27							1	3	2	2

3. 耐药性变化情况

大菱鲆源弧菌2020年、2021年对8种水产用抗菌药物的MIC_{50}、MIC_{90}及敏感率对比如表27及图2所示。结果发现，与2020年相比，2021年恩诺沙星、硫酸新霉素、盐酸多西环素、氟甲喹这4种药物对大菱鲆源弧菌的MIC_{90}略有降低，对药物都表现出较高的敏感性，药物敏感率均超过90%；甲砜霉素、氟苯尼考对其的MIC_{90}有所下降（甲砜霉素MIC_{90}由103.10μg/mL降至78.67μg/mL，氟苯尼考MIC_{90}由32.93μg/mL降至19.79μg/mL），表明其对药物的敏感性有所提高，均达到70%以上；磺胺间甲氧嘧啶钠、磺胺甲噁唑/甲氧苄啶对其的MIC_{90}显著降低（磺胺间甲氧嘧啶钠MIC_{90}由162.38μg/mL降至34.35μg/mL，磺胺甲噁唑/甲氧苄啶MIC_{90}由152.48/30.49μg/mL降至22.76/1.19μg/mL），整体敏感率显著上升，磺胺间甲氧嘧啶钠敏感率高达100%。

表27　2020年、2021年8种水产抗菌药物对大菱鲆源弧菌的MIC_{50}、MIC_{90}及敏感率

供试药物	MIC_{50}（μg/mL）		MIC_{90}（μg/mL）		敏感率（%）	
	2020年	2021年	2020年	2021年	2020年	2021年
恩诺沙星	0.05	0.05	0.83	0.36	86	90
硫酸新霉素	0.36	0.30	1.98	1.24	82	95
甲砜霉素	5.79	2.31	103.10	78.67	64	74
氟苯尼考	3.27	2.33	32.93	19.79	65	70
盐酸多西环素	0.03	0.01	1.4	0.72	96	95
氟甲喹	0.01	0.01	1.55	0.42	96	99
磺胺间甲氧嘧啶钠	23.19	3.76	162.38	34.35	89	100
磺胺甲噁唑/甲氧苄啶	13.37/2.67	0.72/0.09	152.48/30.49	22.76/1.19	72	92

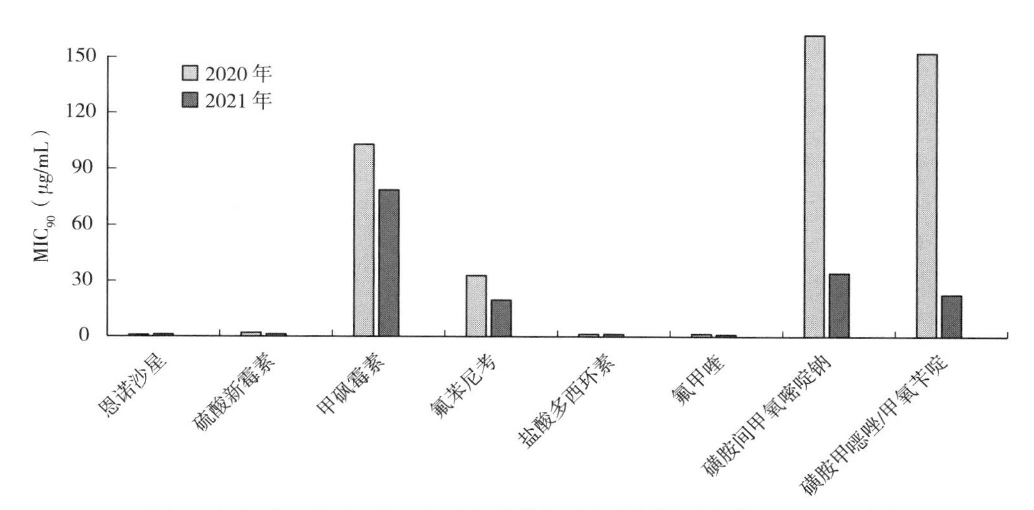

图2　2020年、2021年水产用抗菌药物对大菱鲆源弧菌的MIC_{90}对比图

三、分析与建议

从2021年度监测结果来看，大菱鲆源弧菌对恩诺沙星、盐酸多西环素、氟甲喹、硫酸新霉素表现出了较高的敏感性，建议可以作为本地区今后生产中治疗弧菌类疾病的首选药物；对磺胺间甲氧嘧啶钠、磺胺甲噁唑/甲氧苄啶也表现出很高的敏感性，与2020年相比有明显提高，可能与实际生产中该种类药物的使用减少有直接关系；对氟苯尼考、甲砜霉素虽表现出了相对的敏感性，一定程度上也能抑制菌株的生长，结合该类药物的 MIC_{50}、MIC_{90}，说明本地弧菌菌株可能已经对这类药物产生了抗药性，需要根据实际情况进行使用。

根据此次检测结果，建议今后在养殖生产中使用药物时做到对症下药，滥用或过度使用药物不但不能起到防病治病的作用，反而会造成养殖环境中耐药性菌株的增多。根据MIC选用有效治疗浓度，做到科学合理用药。

2021 年江苏省水产养殖动物主要病原菌耐药性状况分析

刘肖汉　方　苹　陈　静　吴亚锋
（江苏省渔业技术推广中心）

为指导执业兽医师科学选择和使用水产用抗菌药物，江苏省渔业技术推广中心于2021 年 4—10 月，从南京市和镇江市人工养殖水产动物体内分离病原菌，并测定其对水产用抗菌药物的感受性，具体结果如下。

一、材料与方法

1. 供试药物

2021 年针对硫酸新霉素、氟苯尼考、恩诺沙星、甲砜霉素、盐酸多西环素、氟甲喹、磺胺间甲氧嘧啶钠和磺胺甲噁唑/甲氧苄啶 8 种水产用抗菌药物开展耐药性监测。

2. 供试菌株

2021 年 4—10 月，从江苏省南京市浦口区永宁街道水产养殖户和江苏省渔业技术推广中心扬中试验示范基地饲养的游动缓慢的草鱼、鲫体内，针对性分离气单胞菌，使用细菌 16S rRNA 和气单胞菌属“看家”基因 *gyrB* 进行种属鉴定，共分离鉴定出 102 株气单胞菌，其中维氏气单胞菌 76 株（占总数 74.51%），嗜水气单胞菌 13 株（占总数 12.75%），其他气单胞菌 13 株，菌株分类统计见图 1。

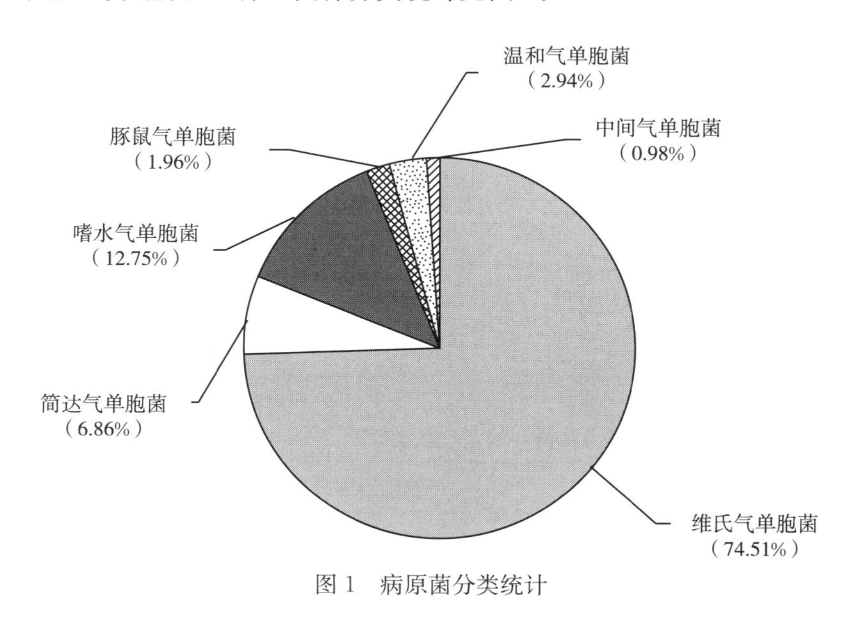

图 1　病原菌分类统计

3. 药敏试验

采用全国水产技术推广总站统一制定的 96 孔药敏板，按照说明书操作。MIC_{50}、MIC_{90}采用 SPSS 软件进行统计分析。

二、药敏测试结果

1. 气单胞菌对水产用抗菌药物的感受性

102 株气单胞菌对 8 种水产用抗菌药物感受性测定结果如表 1 至表 6 所示。恩诺沙星对气单胞菌的MIC_{50}最低，为 0.86μg/mL，其次是硫酸新霉素，为 1.84μg/mL；甲砜霉素的MIC_{50}最高，为 41.35μg/mL；恩诺沙星的MIC_{90}最低，为 6.11μg/mL，其次为硫酸新霉素，为 8.6μg/mL，虽然仅甲砜霉素的MIC_{90}达检测上限，但其余五种抗菌药物的MIC_{90}均超过 100μg/mL，整体耐药情况依然严重。

与 2019 年和 2020 年相比（图 2），恩诺沙星、硫酸新霉素对气单胞菌的MIC_{90}始终保持在较低水平，虽然有一定起伏，但总体变化不大；氟苯尼考的耐药性呈不断上升的趋势，MIC_{90}由 100.82μg/mL 逐年上升至 266.47μg/mL；而磺胺类药物的耐药性呈突然下降的趋势，MIC_{90}由检测上限直线下降，其中磺胺甲噁唑/甲氧苄啶的MIC_{90}下降了 76.77%；而其余 3 种抗菌药物的MIC_{90}因检测上限调整，也发生了一定变化，具体耐药性变化趋势有待持续监测。

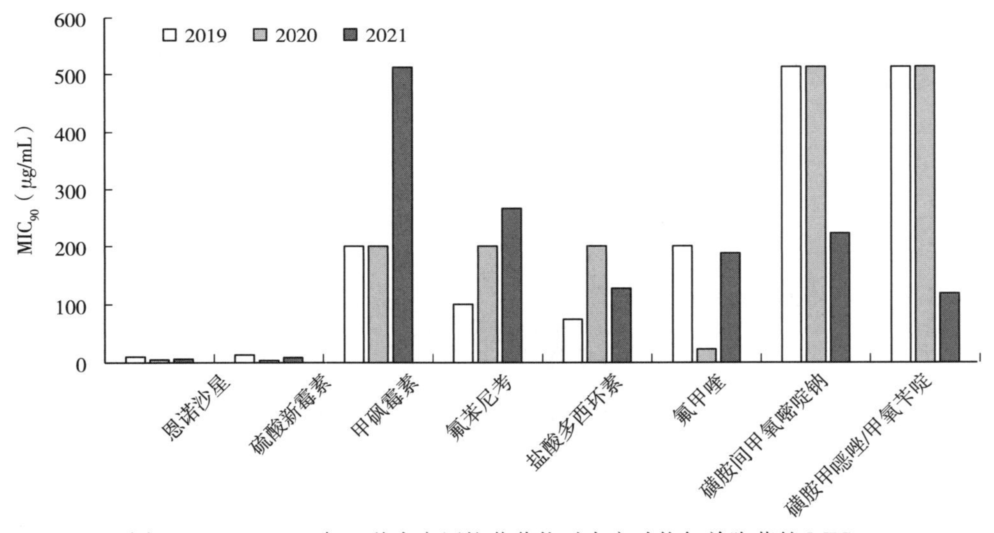

图 2　2019—2021 年 8 种水产用抗菌药物对水产动物气单胞菌的MIC_{90}

表 1　气单胞菌对恩诺沙星的感受性分布（n=102）

供试药物	MIC_{50}（μg/mL）	MIC_{90}（μg/mL）	不同药物浓度（μg/mL）下的菌株数（株）											
			≥16	8	4	2	1	0.5	0.25	0.125	0.06	0.03	0.015	≤0.008
恩诺沙星	0.86	6.11	10	4	7	23	30	19	2	3	1		1	2

表 2　气单胞菌对硫酸新霉素和氟甲喹的感受性分布（n=102）

供试药物	MIC_{50} (μg/mL)	MIC_{90} (μg/mL)	不同药物浓度（μg/mL）下的菌株数（株）											
			≥256	128	64	32	16	8	4	2	1	0.5	0.25	≤0.125
硫酸新霉素	1.84	8.6	3		1		2	4	15	50	26	1		
氟甲喹	9.5	187.58	21	3	5	17	11	6	9	8	15	3		4

表 3　气单胞菌对甲砜霉素和氟苯尼考的感受性分布（n=102）

供试药物	MIC_{50} (μg/mL)	MIC_{90} (μg/mL)	不同药物浓度（μg/mL）下的菌株数（株）											
			≥512	256	128	64	32	16	8	4	2	1	0.5	≤0.25
甲砜霉素	41.35	512	23	11	26	12	4	2	2		3	9	9	1
氟苯尼考	17.27	266.47	15	1	4	23	25	6	3		6	16	3	

表 4　气单胞菌对磺胺间甲氧嘧啶钠的感受性分布（n=102）

供试药物	MIC_{50} (μg/mL)	MIC_{90} (μg/mL)	不同药物浓度（μg/mL）下的菌株数（株）									
			≥1 024	512	256	128	64	32	16	8	4	≤2
磺胺间甲氧嘧啶钠	31.87	222.4	10	4	2	9	12	30	19	12	3	1

表 5　气单胞菌对磺胺甲噁唑/甲氧苄啶的感受性分布（n=31）

供试药物	MIC_{50} (μg/mL)	MIC_{90} (μg/mL)	不同药物浓度（μg/mL）下的菌株数（株）									
			≥608/32	304/16	152/8	76/4	38/2	19/1	9.5/0.5	4.8/0.25	2.4/0.12	≤1.2/0.06
磺胺甲噁唑/甲氧苄啶	11.21/0.59	118.95/6.27	9	4	3	7	9	12	18	24	14	2

表 6　气单胞菌对盐酸多西环素的感受性分布（n=102）

供试药物	MIC_{50} (μg/mL)	MIC_{90} (μg/mL)	不同药物浓度（μg/mL）下的菌株数（株）											
			≥128	64	32	16	8	4	2	1	0.5	0.25	0.125	≤0.06
盐酸多西环素	10.09	128	48	1	1	5	5	4	4	17	3	7	1	6

2. 不同气单胞菌对水产用抗菌药物的感受性

（1）嗜水气单胞菌对水产用抗菌药物的感受性

嗜水气单胞菌是引起水产养殖动物细菌性败血症等疾病的主要病原菌之一。13 株嗜水气单胞菌对 8 种水产用抗菌药物感受性测定结果如表 7 至表 12 所示，菌株对恩诺沙星和硫酸新霉素较敏感，MIC_{90}分别为 2.5μg/mL、1.87μg/mL；对氟甲喹和甲砜霉素相对耐药，MIC_{90}分别为 256μg/mL、247.14μg/mL。

表 7　嗜水气单胞菌对恩诺沙星的感受性分布（$n=13$）

供试药物	MIC_{50}（μg/mL）	MIC_{90}（μg/mL）	不同药物浓度（μg/mL）下的菌株数（株）											
			≥16	8	4	2	1	0.5	0.25	0.125	0.06	0.03	0.015	≤0.008
恩诺沙星	1.2	2.5			3	5	4	1						

表 8　嗜水气单胞菌对硫酸新霉素和氟甲喹的感受性分布（$n=13$）

供试药物	MIC_{50}（μg/mL）	MIC_{90}（μg/mL）	不同药物浓度（μg/mL）下的菌株数（株）											
			≥256	128	64	32	16	8	4	2	1	0.5	0.25	≤0.125
硫酸新霉素	1.09	1.87							1	6	6			
氟甲喹	33.72	256	5	1		2	2	2			1			

表 9　嗜水气单胞菌对甲砜霉素和氟苯尼考的感受性分布（$n=13$）

供试药物	MIC_{50}（μg/mL）	MIC_{90}（μg/mL）	不同药物浓度（μg/mL）下的菌株数（株）											
			≥512	256	128	64	32	16	8	4	2	1	0.5	≤0.25
甲砜霉素	113.52	247.14		6	6	1								
氟苯尼考	44.92	86.63			2	9	2							

表 10　嗜水气单胞菌对磺胺间甲氧嘧啶钠的感受性分布（$n=13$）

供试药物	MIC_{50}（μg/mL）	MIC_{90}（μg/mL）	不同药物浓度（μg/mL）下的菌株数（株）									
			≥1 024	512	256	128	64	32	16	8	4	≤2
磺胺间甲氧嘧啶钠	24.45	76.86			1	1	2	4	4	1		

表 11　嗜水气单胞菌对磺胺甲噁唑/甲氧苄啶的感受性分布（$n=13$）

供试药物	MIC_{50}（μg/mL）	MIC_{90}（μg/mL）	不同药物浓度（μg/mL）下的菌株数（株）									
			≥608/32	304/16	152/8	76/4	38/2	19/1	9.5/0.5	4.8/0.25	2.4/0.12	≤1.2/0.06
磺胺甲噁唑/甲氧苄啶	8.16/0.43	35.08/1.85			1	1		2	4	4	1	

表 12　嗜水气单胞菌对盐酸多西环素的感受性分布（$n=13$）

供试药物	MIC_{50}（μg/mL）	MIC_{90}（μg/mL）	不同药物浓度（μg/mL）下的菌株数（株）											
			≥128	64	32	16	8	4	2	1	0.5	0.25	0.125	≤0.06
盐酸多西环素	2.56	16.82	1			2	1	2	1	6				

(2) 维氏气单胞菌对水产用抗菌药物的感受性

维氏气单胞菌也可引起水生动物细菌性败血症等疾病。76 株维氏气单胞菌对 8 种水产用抗菌药物感受性测定结果如表 13 至表 18 所示，菌株对恩诺沙星和硫酸新霉素较敏感，MIC_{50}分别为0.81μg/mL、2.06μg/mL，MIC_{90}也较低；而对甲砜霉素较耐药，MIC_{90}达检测上限；同时对于氟苯尼考、盐酸多西环素等其他5种抗菌药物的耐药性也需要警惕，MIC_{90}均超过100μg/mL。

表13　维氏气单胞菌对恩诺沙星的感受性分布（n=76）

供试药物	MIC_{50}（μg/mL）	MIC_{90}（μg/mL）	不同药物浓度（μg/mL）下的菌株数（株）											
			≥16	8	4	2	1	0.5	0.25	0.125	0.06	0.03	0.015	≤0.008
恩诺沙星	0.81	7.2	10	3	4	12	22	17	1	3	1		1	2

表14　维氏气单胞菌对硫酸新霉素和氟甲喹的感受性分布（n=76）

供试药物	MIC_{50}（μg/mL）	MIC_{90}（μg/mL）	不同药物浓度（μg/mL）下的菌株数（株）											
			≥256	128	64	32	16	8	4	2	1	0.5	0.25	≤0.125
硫酸新霉素	2.06	11.03	3		1		2	4	11	37	17	1		
氟甲喹	8.83	190.86	16	2	3	13	7	3	8	8	11	1		4

表15　维氏气单胞菌对甲砜霉素和氟苯尼考的感受性分布（n=76）

供试药物	MIC_{50}（μg/mL）	MIC_{90}（μg/mL）	不同药物浓度（μg/mL）下的菌株数（株）											
			≥512	256	128	64	32	16	8	4	2	1	0.5	≤0.25
甲砜霉素	39.81	512	18	5	20	10	3	2	2		3	6	7	
氟苯尼考	15.55	229.12	11		2	14	22	6	2		4	13	2	

表16　维氏气单胞菌对磺胺间甲氧嘧啶钠的感受性分布（n=76）

供试药物	MIC_{50}（μg/mL）	MIC_{90}（μg/mL）	不同药物浓度（μg/mL）下的菌株数（株）									
			≥1 024	512	256	128	64	32	16	8	4	≤2
磺胺间甲氧嘧啶钠	33.83	284.38	10	4	1	4	8	22	14	10	2	1

表17　维氏气单胞菌对磺胺甲噁唑/甲氧苄啶的感受性分布（n=76）

供试药物	MIC_{50}（μg/mL）	MIC_{90}（μg/mL）	不同药物浓度（μg/mL）下的菌株数（株）									
			≥608/32	304/16	152/8	76/4	38/2	19/1	9.5/0.5	4.8/0.25	2.4/0.12	≤1.2/0.06
磺胺甲噁唑/甲氧苄啶	11.62/0.61	163.51/8.62	9	4	2	4	6	7	13	17	12	2

表18　维氏气单胞菌对盐酸多西环素的感受性分布（n=76）

供试药物	MIC_{50}（μg/mL）	MIC_{90}（μg/mL）	不同药物浓度（μg/mL）下的菌株数（株）											
			≥128	64	32	16	8	4	2	1	0.5	0.25	0.125	≤0.06
盐酸多西环素	7.99	128	35		1	3	4	2	3	11	3	7	1	6

（3）其他气单胞菌对水产用抗菌药物的感受性

其他气单胞菌也是引起水生动物肠炎等疾病的致病细菌。其他气单胞菌对各种抗菌药物感受性与维氏气单胞菌和嗜水气单胞菌相似，对恩诺沙星和硫酸新霉素较敏感，而对甲砜霉素、氟苯尼考、盐酸多西环素、磺胺间甲氧嘧啶钠、磺胺甲噁唑/甲氧苄啶等相对耐药。

比较不同气单胞菌对水产用抗菌药物的感受性，结果如表 19 所示。从 MIC_{50} 角度分析，嗜水气单胞菌对甲砜霉素、氟苯尼考、氟甲喹的耐药性最强，MIC_{50} 至少是维氏气单胞菌和其他气单胞菌的 3 倍以上，而其他气单胞菌则对盐酸多西环素具有很强的耐药性，而对于恩诺沙星、硫酸新霉素等 4 种抗菌药物，气单胞菌属间相差不大；从 MIC_{90} 角度分析，维氏气单胞菌则表现出很强的耐药性，除氟苯尼考和氟甲喹外，其余 6 种抗菌药物对维氏气单胞的 MIC_{90} 明显高于嗜水气单胞菌和其他气单胞菌。以硫酸新霉素为例，维氏气单胞的 MIC_{90} 分别是嗜水气单胞菌和其他气单胞菌的 5.9 倍和 4.5 倍。总体表现为：维氏气单胞菌＞嗜水气单胞菌＞其他气单胞菌。恩诺沙星和硫酸新霉素对不同种气单胞菌的 MIC_{50}、MIC_{90} 较低，表明这两种药物可以作为治疗江苏省水产气单胞菌病的首选药物。

表 19　8 种抗菌药物对不同气单胞菌的 MIC_{50} 和 MIC_{90}（μg/mL）

供试药物	MIC_{50}			MIC_{90}		
	维氏气单胞菌	嗜水气单胞菌	其他气单胞菌	维氏气单胞菌	嗜水气单胞菌	其他气单胞菌
恩诺沙星	0.81	1.20	0.97	7.20	2.50	2.66
硫酸新霉素	2.06	1.09	1.40	11.03	1.87	2.44
甲砜霉素	39.81	113.52	11.29	512.00	247.14	512.00
氟苯尼考	15.55	44.92	12.36	229.12	86.63	512.00
盐酸多西环素	7.99	2.56	89.95	128.00	16.82	128.00
氟甲喹	8.83	33.72	4.05	190.86	256.00	37.33
磺胺间甲氧嘧啶钠	33.83	24.45	27.19	284.38	76.86	102.75
磺胺甲噁唑/甲氧苄啶	11.62/0.61	8.16/0.43	11.34/0.59	163.51/8.62	35.08/1.85	43.28/2.29

3. 不同来源气单胞菌对水产用抗菌药物的感受性

比较不同来源气单胞菌对 8 种水产用抗菌药物的感受性，结果如表 20 所示。MIC_{50} 与 MIC_{90} 的对比情况基本一致，草鱼源气单胞菌对甲砜霉素、磺胺类药物的耐药性较强，鲫源气单胞菌对硫酸新霉素和氟甲喹的耐药性较强，而对恩诺沙星和盐酸多西环素，两种来源气单胞菌的 MIC_{50}、MIC_{90} 没有显著差异。分析原因，因两种鱼饲养在同一个养殖场、同一种水生环境中，耐药性的差异可能跟鱼种的药物代谢水平、吃食习惯等有关。

表20　8种水产用抗菌药物对不同来源气单胞菌的 MIC_{50} 和 MIC_{90}（μg/mL）

供试药物	MIC_{50}		MIC_{90}	
	鲫	草鱼	鲫	草鱼
恩诺沙星	0.92	0.62	6.01	6.22
硫酸新霉素	1.96	1.28	9.58	3.46
甲砜霉素	37.10	91.23	512.00	512.00
氟苯尼考	16.18	25.64	237.06	512.00
盐酸多西环素	10.45	8.59	128.00	128.00
氟甲喹	11.10	3.77	209.56	72.85
磺胺间甲氧嘧啶钠	30.99	37.05	198.00	418.10
磺胺甲噁唑/甲氧苄啶	10.54/0.55	16.02/0.84	109.56/5.77	181.88/9.6

4. 试点养殖场气单胞菌对水产用抗菌药物的感受性

比较浦口区汤农养殖场（以下简称“浦口汤农”）和江苏省渔业技术推广中心扬中试验示范基地（以下简称“扬中基地”）的气单胞菌对8种水产用抗菌药物的感受性，结果见表21。盐酸多西环素和氟甲喹对浦口汤农的气单胞菌的 MIC_{50} 均高于扬中基地分离株，分别为1.8倍和2.3倍，而对其余6种抗菌药物，情况则相反。总体来看，扬中基地的气单胞菌总体耐药性要高于浦口汤农的分离株，表明不同养殖场用药习惯对菌株的耐药性有一定影响。

表21　8种水产用抗菌药物对不同试点气单胞菌的 MIC_{50} 和 MIC_{90}（μg/mL）

供试药物	MIC_{50}		MIC_{90}	
	扬中基地	浦口汤农	扬中基地	浦口汤农
恩诺沙星	0.90	0.83	7.83	5.02
硫酸新霉素	2.37	1.42	17.25	2.93
甲砜霉素	72.32	28.65	512.00	512.00
氟苯尼考	24.85	13.30	512.00	143.10
盐酸多西环素	6.98	12.92	12.00	128.00
氟甲喹	5.91	13.53	127.93	237.43
磺胺间甲氧嘧啶钠	45.70	24.10	470.23	111.29
磺胺甲噁唑/甲氧苄啶	14.97/0.78	9.08/0.47	244.45/12.89	62.68/3.31

5. 2015—2021年水产用抗菌药物对气单胞菌的MIC变化

比较2015—2021年恩诺沙星和氟苯尼考对试点养殖场气单胞菌分离株的MIC变化趋势，结果见图3、表22。近年来，恩诺沙星对气单胞菌的 MIC_{50} 始终保持较低水平，最高也仅为1.31μg/mL，MIC_{90} 较高，最高达10.89μg/mL，MIC_{50}、MIC_{90} 变化趋势一致，总体呈现出先上升后下降的趋势。氟苯尼考对气单胞菌的 MIC_{50} 在2015—2018年始终保持较低水平，最高为2015年的2.11μg/mL，然后在2019年开始显著提高，升至2020年的

26.73μg/mL，随后在 2021 年下降至 17.27μg/mL，MIC_{90} 则始终保持上升趋势，至 2021 年高达 266.47μg/mL。分析其原因，一是临床上近年来大量使用氟苯尼考，导致菌株耐药性的提高；二是更换药敏板，原料药和检测上限的改变导致检测结果发生变化。

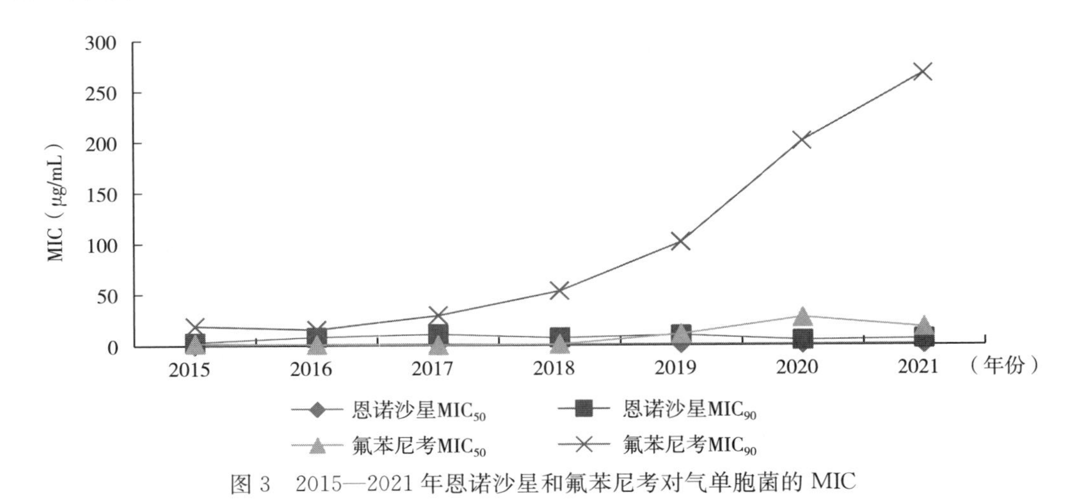

图 3　2015—2021 年恩诺沙星和氟苯尼考对气单胞菌的 MIC

表 22　2015—2021 年恩诺沙星和氟苯尼考对气单胞菌的 MIC_{50} 和 MIC_{90}（μg/mL）

年份	恩诺沙星		氟苯尼考	
	MIC_{50}	MIC_{90}	MIC_{50}	MIC_{90}
2015	0.23	3.2	2.11	18.92
2016	1.31	8.14	0.84	15.35
2017	1.12	10.89	0.24	29.05
2018	0.68	7.26	0.96	52.97
2019	0.95	9.95	10.86	100.82
2020	0.71	4.73	26.73	200
2021	0.86	6.11	17.27	266.47

三、分析与建议

1. 关于水生动物致病菌药物感受性的分析

2021 年受疫情等其他因素的影响，全年共采集样品 10 批次，分离鉴定出 102 株气单胞菌，药敏试验结果表明气单胞菌对恩诺沙星和硫酸新霉素最敏感，且 MIC_{90} 进一步呈下降趋势；而对氟苯尼考的耐药性不断提高，需要加强警惕和监测。养殖场用药习惯、鱼种的药物代谢水平、吃食习惯等因素对菌株的耐药性均有一定影响，检测结果显示扬中基地的气单胞菌总体耐药性要高于浦口汤农的，其正确性还有待进一步开展持续的跟踪检测。

2. 关于目前选择用药的建议

从目前的试验结果来看，建议养殖户可选用恩诺沙星和硫酸新霉素进行细菌性疾病的治疗，但必须严格按照药敏试验结果和药代动力学原理确定剂量和药程。

2021年浙江省水产养殖动物主要病原菌耐药性状况分析

梁倩蓉　朱凝瑜　何润真　丁雪燕
（浙江省水产技术推广总站）

为了解掌握水产养殖动物主要病原菌耐药性情况及变化规律，指导科学使用水产用抗菌药物，提高细菌性病害防控成效，推动渔业绿色高质量发展，2021年，浙江省在全省水产养殖病害测报、省主要养殖品种重大疫病监控与流行病学调查工作的基础上，对杭州、嘉兴、湖州、宁波、温州等5个市23个点的水生动物常见病原菌进行耐药性分析，具体结果如下。

一、材料和方法

1. 样品采集

4—11月每月从监测点上采样1次，样本种类包括中华鳖、加州鲈、黄颡鱼和大黄鱼等，挑选有症状的个体3～5尾。

2. 细菌分离筛选

常规无菌操作取样本的肝、脾、肾以及其他相关病灶组织，在牛脑心浸出液固体平板上划线接种，28℃培养过夜。次日，分离优势单菌落进行再培养。

3. 细菌鉴定及保存

分离纯化后，采用VITEK 2 Compact全自动细菌检定仪进行鉴定，并保存在含20%甘油的牛脑心浸出液中，冻存于－80℃。

4. 药敏试验

将纯化后的菌落用无菌生理盐水调菌浓度至10^7～10^8CFU/mL，按说明书稀释后加入96孔药敏板，28℃培养24～28h。根据培养后孔板的浊度读板，确定恩诺沙星、硫酸新霉素、甲砜霉素、氟苯尼考、盐酸多西环素、氟甲喹、磺胺间甲氧嘧啶钠、磺胺甲噁唑/甲氧苄啶8种药物对菌株的最低抑菌浓度（MIC），汇总数据计算MIC_{50}和MIC_{90}并分析比较。

二、药敏测试结果

1. 细菌分离鉴定总体情况

2021年度在浙江省主养淡水养殖品种中共分离到265株细菌：中华鳖菌株115株，加州鲈菌株30株，黄颡鱼菌株63株，其他淡水品种（马口鱼、鳜、青鱼、鮰等）菌株57株；在海水养殖品种（大黄鱼）中共分离到35株细菌。

经统计，2021年度淡水品种体内分离的细菌主要是气单胞菌（55.8%）、类志贺邻单胞菌（10.2%）、少动鞘氨醇单胞菌（8.3%）、柠檬酸杆菌（4.2%）、弧菌（3.4%）、不动杆菌（2.6%）及芽孢杆菌（2.3%）等（图1）；大黄鱼体内分离的病原菌主要是假单胞菌（48.6%）、弧菌（31.4%）和诺卡氏菌（14.3%）等（图2）。

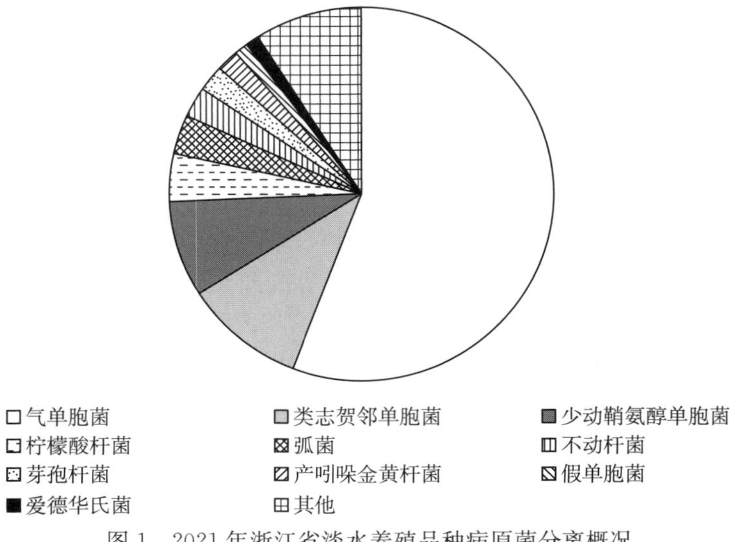

图1　2021年浙江省淡水养殖品种病原菌分离概况

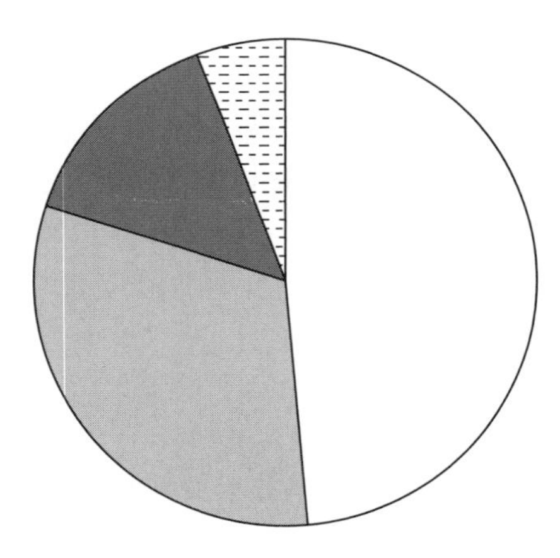

图2　2021年浙江省海水养殖品种病原菌分离概况

2. 细菌耐药性分析

（1）不同动物来源菌株对水产用抗菌药物的感受性

以中华鳖、加州鲈、黄颡鱼为主的淡水养殖品种和以大黄鱼为主的海水养殖品种中所分离的半数菌株耐药性呈现一定相似规律，即总体表现为对恩诺沙星、硫酸新霉素、盐酸多西环素等药物的耐受浓度均较低（$MIC_{50} \leqslant 8\mu g/mL$），对甲砜霉素、氟苯尼考和磺胺类药物的耐受浓度均较高（$MIC_{50} > 8\mu g/mL$）；而对于氟甲喹，黄颡鱼源细菌耐受浓度远高于其他3种品种（表1）。

所分离90%菌株耐药性（MIC_{90}）也呈现一定相似规律，总体表现为对8种药物耐受浓度均较高（MIC_{90}>8μg/mL）。在恩诺沙星、硫酸新霉素、盐酸多西环素、氟甲喹等药物耐受浓度上不同动物来源具有一定差异，即大黄鱼源细菌对4种药物均敏感，而中华鳖源和黄颡鱼源细菌对4种药物均耐受，而加州鲈源细菌敏感于恩诺沙星、硫酸新霉素和盐酸多西环素而耐受于氟甲喹（表2）。

根据CLSI和EUCAST设置的菌株对药物敏感性判断标准，总体而言，2021年度分析的半数细菌对恩诺沙星、硫酸新霉素、盐酸多西环素和磺胺甲噁唑/甲氧苄啶等药物均表现为敏感，而对甲砜霉素、氟苯尼考和磺胺间甲氧嘧啶钠均表现为耐药；90%大黄鱼源和加州鲈源细菌对恩诺沙星、硫酸新霉素和盐酸多西环素3种药物均表现为敏感或中介，而中华鳖源和黄颡鱼源细菌对3种药物均呈现耐药。

表1　2021年8种药物对浙江省不同养殖品种分离菌株的MIC_{50}（μg/mL）

养殖品种	恩诺沙星	硫酸新霉素	甲砜霉素	氟苯尼考	盐酸多西环素	氟甲喹	磺胺间甲氧嘧啶钠	磺胺甲噁唑/甲氧苄啶
中华鳖	0.5	1	512	128	2	0.125	1 024	304/16
加州鲈	0.25	0.5	512	128	0.25	0.25	1 024	76/4
黄颡鱼	1	8	512	128	2	16	1 024	152/8
大黄鱼	0.125	0.5	64	16	0.06	0.125	1 024	1.2/0.06
合计	0.25	1	512	128	0.5	0.25	1 024	152/8

表2　2021年8种药物对浙江省不同养殖品种分离菌株的MIC_{90}（μg/mL）

养殖品种	恩诺沙星	硫酸新霉素	甲砜霉素	氟苯尼考	盐酸多西环素	氟甲喹	磺胺间甲氧嘧啶钠	磺胺甲噁唑/甲氧苄啶
中华鳖	16	64	512	512	128	256	1 024	608/32
加州鲈	1	4	512	256	8	32	1 024	608/32
黄颡鱼	16	256	512	512	64	64	1 024	608/32
大黄鱼	0.25	1	512	512	1	4	1 024	608/32
合计	16	128	512	512	64	64	1 024	608/32

①中华鳖源菌株

患病中华鳖体内分离的半数细菌对恩诺沙星、盐酸多西环素、硫酸新霉素、氟甲喹的耐受浓度较低（MIC_{50}≤2μg/mL），而对磺胺类药物、甲砜霉素以及氟苯尼考的耐受浓度较高（MIC_{50}≥128μg/mL）；分离90%菌株对8种药物均耐受（MIC_{90}≥16μg/mL），见表3至表8。

表3　病原菌对恩诺沙星的感受性分布（n=115）

供试药物	MIC_{50}（μg/mL）	MIC_{90}（μg/mL）	不同药物浓度（μg/mL）下的菌株数（株）											
			≥16	8	4	2	1	0.5	0.25	0.125	0.06	0.03	0.015	≤0.008
恩诺沙星	0.5	16	15	5	2	10	9	20	13	16	17	8		

表 4 病原菌对硫酸新霉素和氟甲喹的感受性分布（n=115）

供试药物	MIC_{50}（μg/mL）	MIC_{90}（μg/mL）	不同药物浓度（μg/mL）下的菌株数（株）											
			≥256	128	64	32	16	8	4	2	1	0.5	0.25	≤0.125
硫酸新霉素	1	64	8	2	4	2	3	7	3	11	27	24	10	14
氟甲喹	0.125	256	17			7	5	9	6		3	1	3	64

表 5 病原菌对甲砜霉素和氟苯尼考的感受性分布（n=115）

供试药物	MIC_{50}（μg/mL）	MIC_{90}（μg/mL）	不同药物浓度（μg/mL）下的菌株数（株）											
			≥512	256	128	64	32	16	8	4	2	1	0.5	≤0.25
甲砜霉素	512	512	100	11		1			1	1	1			
氟苯尼考	128	512	26	3	32	36	4	3	4	2		3	1	1

表 6 病原菌对磺胺间甲氧嘧啶钠的感受性分布（n=115）

供试药物	MIC_{50}（μg/mL）	MIC_{90}（μg/mL）	不同药物浓度（μg/mL）下的菌株数（株）									
			≥1 024	512	256	128	64	32	16	8	4	≤2
磺胺间甲氧嘧啶钠	1 024	1 024	85	9		1		3	6	8	3	

表 7 病原菌对磺胺甲噁唑/甲氧苄啶的感受性分布（n=115）

供试药物	MIC_{50}（μg/mL）	MIC_{90}（μg/mL）	不同药物浓度（μg/mL）下的菌株数（株）									
			≥608/32	304/16	152/8	76/4	38/2	19/1	9.5/0.5	4.8/0.25	2.4/0.12	≤1.2/0.06
磺胺甲噁唑/甲氧苄啶	304/16	608/32	55	15	6	5	12	5	4	8	3	2

表 8 病原菌对盐酸多西环素的感受性分布（n=115）

供试药物	MIC_{50}（μg/mL）	MIC_{90}（μg/mL）	不同药物浓度（μg/mL）下的菌株数（株）											
			≥128	64	32	16	8	4	2	1	0.5	0.25	0.125	≤0.06
盐酸多西环素	2	128	13	7	8	5	5	12	9	14	6	4	8	24

②加州鲈源菌株

患病加州鲈体内分离的半数细菌对恩诺沙星、盐酸多西环素、硫酸新霉素、氟甲喹的耐受浓度较低（MIC_{50}≤0.5μg/mL），而对磺胺类药物、氟苯尼考以及甲砜霉素的耐受浓度较高（MIC_{50}≥32μg/mL）；分离 90%菌株敏感或中介于恩诺沙星、硫酸新霉素和盐酸多西环素（MIC_{90}≤8μg/mL），而对其余药物均耐受（MIC_{90}≥32μg/mL），见表 9 至表 14。

表9 病原菌对恩诺沙星的感受性分布（$n=30$）

供试药物	MIC_{50} (μg/mL)	MIC_{90} (μg/mL)	不同药物浓度（μg/mL）下的菌株数（株）											
			≥16	8	4	2	1	0.5	0.25	0.125	0.06	0.03	0.015	≤0.008
恩诺沙星	0.25	1	1		1		6	5	4	5	5	2	1	

表10 病原菌对硫酸新霉素和氟甲喹的感受性分布（$n=30$）

供试药物	MIC_{50} (μg/mL)	MIC_{90} (μg/mL)	不同药物浓度（μg/mL）下的菌株数（株）											
			≥256	128	64	32	16	8	4	2	1	0.5	0.25	≤0.125
硫酸新霉素	0.5	4				1	1		3	3	7	4	2	9
氟甲喹	0.25	32				4	2	2	2	2			1	17

表11 病原菌对甲砜霉素和氟苯尼考的感受性分布（$n=30$）

供试药物	MIC_{50} (μg/mL)	MIC_{90} (μg/mL)	不同药物浓度（μg/mL）下的菌株数（株）											
			≥512	256	128	64	32	16	8	4	2	1	0.5	≤0.25
甲砜霉素	512	512	25	2	1	1	1							
氟苯尼考	128	256		4	13	10	2	1						

表12 病原菌对磺胺间甲氧嘧啶钠的感受性分布（$n=30$）

供试药物	MIC_{50} (μg/mL)	MIC_{90} (μg/mL)	不同药物浓度（μg/mL）下的菌株数（株）									
			≥1 024	512	256	128	64	32	16	8	4	≤2
磺胺间甲氧嘧啶钠	1 024	1 024	20					1	3	2	4	

表13 病原菌对磺胺甲噁唑/甲氧苄啶的感受性分布（$n=30$）

供试药物	MIC_{50} (μg/mL)	MIC_{90} (μg/mL)	不同药物浓度（μg/mL）下的菌株数（株）									
			≥608/32	304/16	152/8	76/4	38/2	19/1	9.5/0.5	4.8/0.25	2.4/0.12	≤1.2/0.06
磺胺甲噁唑/甲氧苄啶	76/4	608/32	7	2	3	4	2	1	5	2	2	2

表14 病原菌对盐酸多西环素的感受性分布（$n=30$）

供试药物	MIC_{50} (μg/mL)	MIC_{90} (μg/mL)	不同药物浓度（μg/mL）下的菌株数（株）											
			≥128	64	32	16	8	4	2	1	0.5	0.25	0.125	≤0.06
盐酸多西环素	0.25	8		1	1		2		4	5	2	2	3	10

③黄颡鱼源菌株

患病黄颡鱼体内分离的半数细菌对恩诺沙星、盐酸多西环素、硫酸新霉素的耐受浓度较低（MIC_{50}≤8μg/mL），而对磺胺类药物、氟苯尼考、甲砜霉素以及氟甲喹的耐受浓度较高（MIC_{50}≥16μg/mL）；分离90%菌株对8种药物均耐受（MIC_{90}≥16μg/mL），见表15至表20。

表15 病原菌对恩诺沙星的感受性分布（n=63）

供试药物	MIC_{50}（μg/mL）	MIC_{90}（μg/mL）	不同药物浓度（μg/mL）下的菌株数（株）											
			≥16	8	4	2	1	0.5	0.25	0.125	0.06	0.03	0.015	≤0.008
恩诺沙星	1	16	27	1	3		5	2	3	6	3	3		10

表16 病原菌对硫酸新霉素和氟甲喹的感受性分布（n=63）

供试药物	MIC_{50}（μg/mL）	MIC_{90}（μg/mL）	不同药物浓度（μg/mL）下的菌株数（株）											
			≥256	128	64	32	16	8	4	2	1	0.5	0.25	≤0.125
硫酸新霉素	8	256	9	11	6	3	1	2	5	12	9	4		1
氟甲喹	16	64	4		3	21	8	3	1		5	9	4	5

表17 病原菌对甲砜霉素和氟苯尼考的感受性分布（n=63）

供试药物	MIC_{50}（μg/mL）	MIC_{90}（μg/mL）	不同药物浓度（μg/mL）下的菌株数（株）											
			≥512	256	128	64	32	16	8	4	2	1	0.5	≤0.25
甲砜霉素	512	512	54	4	3			2						
氟苯尼考	128	512	7	14	25	12	2	2	1					

表18 病原菌对磺胺间甲氧嘧啶钠的感受性分布（n=63）

供试药物	MIC_{50}（μg/mL）	MIC_{90}（μg/mL）	不同药物浓度（μg/mL）下的菌株数（株）									
			≥1 024	512	256	128	64	32	16	8	4	≤2
磺胺间甲氧嘧啶钠	1 024	1 024	32	7		8	1	2	6	1	6	

表19 病原菌对磺胺甲噁唑/甲氧苄啶的感受性分布（n=63）

供试药物	MIC_{50}（μg/mL）	MIC_{90}（μg/mL）	不同药物浓度（μg/mL）下的菌株数（株）									
			≥608/32	304/16	152/8	76/4	38/2	19/1	9.5/0.5	4.8/0.25	2.4/0.12	≤1.2/0.06
磺胺甲噁唑/甲氧苄啶	152/8	608/32	28		2	4	9	6	4	5		5

表20 病原菌对盐酸多西环素的感受性分布（n=63）

供试药物	MIC_{50}（μg/mL）	MIC_{90}（μg/mL）	不同药物浓度（μg/mL）下的菌株数（株）											
			≥128	64	32	16	8	4	2	1	0.5	0.25	0.125	≤0.06
盐酸多西环素	2	64	6	1	5	7	5	3	7	2	1	3	7	16

④大黄鱼源菌株

患病大黄鱼体内分离的半数细菌对恩诺沙星、盐酸多西环素、硫酸新霉素、氟甲喹的耐受浓度较低（MIC_{50}≤0.5μg/mL），而对磺胺类药物、甲砜霉素以及氟苯尼考的耐受浓度较高（MIC_{50}≥16μg/mL）；分离90%菌株敏感于恩诺沙星、硫酸新霉素、盐酸多西环素、氟甲喹（MIC_{90}≤4μg/mL），而对其余4种药物耐受（MIC_{90}≥512μg/mL），见表21至表26。

表21 病原菌对恩诺沙星的感受性分布（n=35）

供试药物	MIC_{50}（μg/mL）	MIC_{90}（μg/mL）	不同药物浓度（μg/mL）下的菌株数（株）											
			≥16	8	4	2	1	0.5	0.25	0.125	0.06	0.03	0.015	≤0.008
恩诺沙星	0.125	0.25			2			1	9	6	6	2		9

表22 病原菌对硫酸新霉素和氟甲喹的感受性分布（n=35）

供试药物	MIC_{50}（μg/mL）	MIC_{90}（μg/mL）	不同药物浓度（μg/mL）下的菌株数（株）											
			≥256	128	64	32	16	8	4	2	1	0.5	0.25	≤0.125
硫酸新霉素	0.5	1								2	5	22	6	
氟甲喹	0.125	4							4	2	1		5	23

表23 病原菌对甲砜霉素和氟苯尼考的感受性分布（n=35）

供试药物	MIC_{50}（μg/mL）	MIC_{90}（μg/mL）	不同药物浓度（μg/mL）下的菌株数（株）											
			≥512	256	128	64	32	16	8	4	2	1	0.5	≤0.25
甲砜霉素	64	512	7	2	5	4	1			1	8	5	2	
氟苯尼考	16	512	8	2	2	2		4		6	8	3		

表24 病原菌对磺胺间甲氧嘧啶钠的感受性分布（n=35）

供试药物	MIC_{50}（μg/mL）	MIC_{90}（μg/mL）	不同药物浓度（μg/mL）下的菌株数（株）									
			≥1 024	512	256	128	64	32	16	8	4	≤2
磺胺间甲氧嘧啶钠	1 024	1 024	32									3

表25 病原菌对磺胺甲噁唑/甲氧苄啶的感受性分布（n=35）

供试药物	MIC_{50}（μg/mL）	MIC_{90}（μg/mL）	不同药物浓度（μg/mL）下的菌株数（株）									
			≥608/32	304/16	152/8	76/4	38/2	19/1	9.5/0.5	4.8/0.25	2.4/0.12	≤1.2/0.06
磺胺甲噁唑/甲氧苄啶	1.2/0.06	608/32	11	1	4							19

表 26　病原菌对盐酸多西环素的感受性分布（n=35）

供试药物	MIC_{50}（μg/mL）	MIC_{90}（μg/mL）	不同药物浓度（μg/mL）下的菌株数（株）											
			≥128	64	32	16	8	4	2	1	0.5	0.25	0.125	≤0.06
盐酸多西环素	0.06	1								6	2	2	2	23

（2）不同地区菌株对水产用抗菌药物的感受性

①淡水养殖地区

按采样地区比较3种主养淡水养殖品种分离半数菌株对8种药物感受性（表27），可见淡水养殖地区对恩诺沙星、硫酸新霉素、盐酸多西环素和氟甲喹4种药物总体表现为敏感，而对甲砜霉素、氟苯尼考和磺胺类药物表现为耐药。对氟甲喹则表现为杭州、嘉兴、绍兴三地菌株敏感（MIC_{50}≤0.5μg/mL），而湖州耐药。

表 27　8种药物对淡水养殖地区分离菌株的 MIC_{50}（μg/mL）

药物名称	杭州	湖州	嘉兴	绍兴	MIC_{50}
恩诺沙星	0.25	2	0.5	0.125	0.5
硫酸新霉素	1	4	0.5	0.5	1
甲砜霉素	512	512	512	512	512
氟苯尼考	64	128	128	128	128
盐酸多西环素	1	2	1	0.5	1
氟甲喹	0.125	16	0.25	0.125	0.5
磺胺间甲氧嘧啶钠	1 024	1 024	1 024	1 024	1 024
磺胺甲噁唑/甲氧苄啶	152/8	152/8	304/16	76/4	304/16

②海水养殖地区

按采样地区比较大黄鱼体内分离半数菌株对8种药物感受性（表28），可见2021年度宁波、温州地区采集的菌株对除氟苯尼考外7种药物耐受性一致，对氟苯尼考则表现为宁波菌株中介而温州菌株耐药。

表 28　8种药物对海水养殖地区分离菌株的 MIC_{50}（μg/mL）

药物名称	宁波	温州	MIC_{50}
恩诺沙星	0.125	0.25	0.125
硫酸新霉素	0.5	0.5	0.5
甲砜霉素	64	64	64
氟苯尼考	4	16	16
盐酸多西环素	0.125	0.06	0.125
氟甲喹	0.25	0.125	0.125
磺胺间甲氧嘧啶钠	1 024	1 024	1 024
磺胺甲噁唑/甲氧苄啶	152/8	4.8/0.25	4.8/0.25

(3) 8种主要病原菌对水产用抗菌药物的感受性

由表29和表30可见8种药物对8种主要病原菌的MIC_{50}和8种主要病原菌对已有国际参考标准下4种药物（恩诺沙星、氟苯尼考、盐酸多西环素和磺胺间甲氧嘧啶钠）的耐药率。结合药物MIC_{50}和菌株耐药率结果，2021年分离的半数病原菌对恩诺沙星和硫酸新霉素2种药物敏感，对磺胺间甲氧嘧啶钠表现为耐药；对盐酸多西环素和氟甲喹，半数柠檬酸杆菌和爱德华氏菌表现为耐药，其他菌株均敏感（MIC_{50}≤1μg/mL）；对甲砜霉素、氟苯尼考和磺胺甲噁唑/甲氧苄啶3种药物，半数弧菌和诺卡氏菌表现为敏感或中介（MIC_{50}≤4μg/mL），其他菌株均耐药。

表29 8种药物对不同种类病原菌的MIC_{50}（μg/mL）

病原菌	恩诺沙星	硫酸新霉素	甲砜霉素	氟苯尼考	盐酸多西环素	氟甲喹	磺胺间甲氧嘧啶钠	磺胺甲噁唑/甲氧苄啶
嗜水/豚鼠气单胞菌	0.125	0.5	512	64	1	0.125	512	152/8
温和气单胞菌	0.5	2	512	128	0.25	0.5	512	76/4
假单胞菌	0.03	0.5	256	256	0.5	0.25	1 024	608/32
弧菌	0.25	0.5	2	2	0.06	0.125	1 024	1.2/0.06
芽孢杆菌	0.125	0.125	256	8	0.06	0.125	1 024	152/8
诺卡氏菌	0.25	1	2	4	0.06	0.125	1 024	1.2/0.06
柠檬酸杆菌	2	1	512	512	32	16	1 024	608/32
爱德华氏菌	4	0.5	512	512	32	4	1 024	608/32

表30 8种主要病原菌对已有国际参考标准下4种药物耐药率（%）

病原菌	恩诺沙星	氟苯尼考	盐酸多西环素	磺胺间甲氧嘧啶钠
嗜水/豚鼠气单胞菌	8.2	81.6	12.2	71.4
温和气单胞菌	6.6	96.7	6.6	52.5
假单胞菌	5.3	94.7	5.3	94.7
弧菌	7.7	23.1	0.0	69.2
芽孢杆菌	0.0	66.7	0.0	100.0
诺卡氏菌	0.0	0.0	0.0	100.0
柠檬酸杆菌	36.4	100.0	63.6	100.0
爱德华氏菌	66.7	100.0	100.0	100.0

3. 耐药性变化情况

与前两年的监测结果相比，2021年半数菌株对恩诺沙星、硫酸新霉素、盐酸多西环素、氟甲喹等药物耐受浓度持平，对磺胺甲噁唑/甲氧苄啶耐受浓度降低，对甲砜霉素、氟苯尼考和磺胺间甲氧嘧啶钠耐受浓度升高（图3）。90%的菌株对恩诺沙星耐受浓度保持一定，对盐酸多西环素耐受浓度降低，对其余药物耐受浓度均有所上升（图4）。

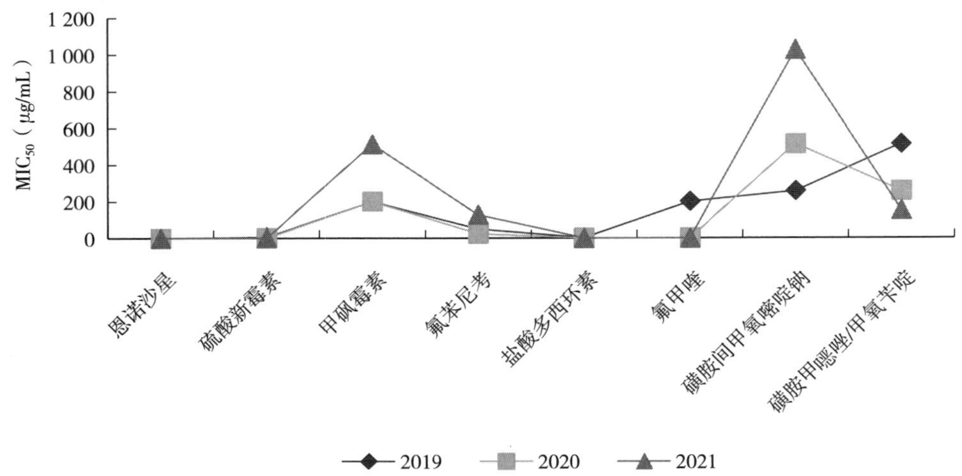

图 3　2019—2021 年 8 种药物对浙江省水生病原菌的 MIC_{50} 变化情况

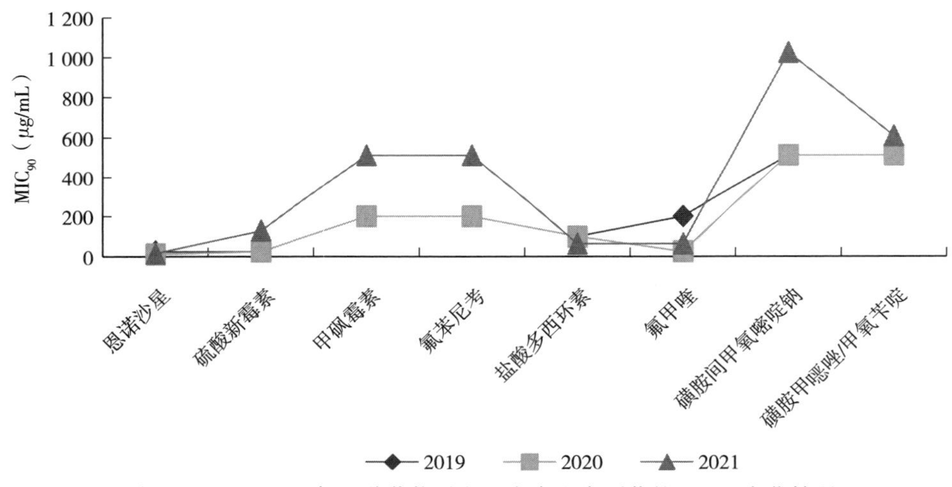

图 4　2019—2021 年 8 种药物对浙江省水生病原菌的 MIC_{90} 变化情况

三、分析与建议

根据监测结果，2021 年浙江省水生主要病原菌对恩诺沙星、硫酸新霉素、盐酸多西环素、氟甲喹的耐受浓度较低，且存在一定降低趋势，在实际生产中可优先考虑用于抗菌治疗；为了进一步减缓水生病原菌对以上 4 种水产用抗菌药物抗性的增加，建议实际用药时根据药敏试验结果交替使用治疗。

2021 年福建省水产养殖动物主要病原菌耐药性状况分析

元丽花　林　楠　王巧煌　游　宇
（福建省水产技术推广总站）

为了进一步了解和掌握福建省大黄鱼、对虾和鳗鲡主要病原微生物的药物敏感性及其变化规律，指导科学安全用药，持续推进水产养殖用抗菌药物减量化使用，福建省水产技术推广总站于 2021 年 4—11 月从各养殖品种体内分离鉴定致病菌，并测定其对 8 种水产用抗菌药物的敏感性，具体结果如下。

一、材料与方法

1. 样品采集

2021 年 4—11 月，从宁德大黄鱼主养区，南平、福清等鳗鲡养殖点，漳州、平潭对虾养殖点分别采集大黄鱼、鳗鲡及对虾样本。

2. 病原菌分离纯化

在无菌条件下分别从大黄鱼及鳗鲡肝脏、脾脏、肾脏用接种环蘸取组织划线接种于 TSA 培养基分离细菌，从对虾肝胰腺蘸取组织划线接种于 TCBS 培养基分离细菌，于 28℃培养 18～24h，筛选优势菌进一步纯化。

3. 病原菌鉴定及保存

分离纯化后的菌株，挑取单个菌落接种于 TSB 培养基，于 28℃恒温摇床培养 18～24h 后采用 16S rRNA 的基因序列进行鉴定，并将菌液与 40％甘油等量混合于－80℃保存。

4. 数据统计方法

抑制 50％、90％分离菌株生长的最小药物浓度（MIC_{50}、MIC_{90}）采用 SPSS 软件进行统计分析。

5. 各菌株对 8 种抗菌药物的敏感性判定范围

为了便于数据的统计，现将各菌株对 8 种抗菌药物的敏感性判定范围规定如下：恩诺沙星、盐酸多西环素及氟甲喹（S 敏感：MIC≤4μg/mL，R 耐药：MIC≥16μg/mL），氟苯尼考、甲砜霉素及硫酸新霉素（S 敏感：MIC≤2μg/mL，R 耐药：MIC≥8μg/mL），磺胺间甲氧嘧啶钠、磺胺甲噁唑/甲氧苄啶（S 敏感：MIC≤38μg/mL，R 耐药：MIC≥76μg/mL）。

二、药敏测试结果

1. 病原菌分离鉴定总体情况

（1）大黄鱼供试菌株

从宁德主养区的大黄鱼体内共分离鉴定菌株 77 株。77 株中，只有 53 株菌株为或疑似为主要病原菌，其余菌株明显为非病原菌。因此，本报告只针对 53 株主要病原菌开展药敏试验及相关结果分析。53 株菌株主要包括哈维氏弧菌、假单胞菌属、美人鱼发光杆菌、海豚链球菌等。分离菌株组成详细情况见表 1。

表 1 大黄鱼源分离菌株信息

种（属）	菌株数（株）	占比（%）	种（属）	菌株数（株）	占比（%）
哈维氏弧菌	19	35.85	弧菌属	6	11.32
美人鱼发光杆菌	10	18.87	杀香鱼假单胞菌	2	3.77
海豚链球菌	9	16.98	创伤弧菌	1	1.89
假单胞菌属	6	11.32			

（2）鳗鲡供试菌株

从福清、南平等养殖点的鳗鲡体内共分离鉴定病原菌或疑似病原菌共 30 株，开展药敏试验 30 株。30 株菌株主要包括嗜水气单胞菌、霍乱弧菌、假单胞菌属等。分离菌株组成详细情况见表 2。

表 2 鳗鲡源分离菌株信息

种（属）	菌株数（株）	占比（%）	种（属）	菌株数（株）	占比（%）
嗜水气单胞菌	11	36.67	豚鼠气单胞菌	1	3.33
霍乱弧菌	7	23.33	维氏气单胞菌	1	3.33
詹代气单胞菌	3	10	温和气单胞菌	1	3.33
假单胞菌属	3	10	溶藻弧菌	1	3.33
气单胞菌属	2	6.67			

（3）对虾供试菌株

从漳州、平潭养殖点的对虾体内共分离鉴定病原菌或疑似病原菌共 35 株，开展药敏试验 35 株。35 株菌株主要包括副溶血弧菌、哈维氏弧菌、美人鱼发光杆菌等。分离菌株组成详细情况见表 3。

表 3 对虾源分离菌株信息

种（属）	菌株数（株）	占比（%）	种（属）	菌株数（株）	占比（%）
弧菌属	16	45.71	溶藻弧菌	1	2.86
副溶血弧菌	5	14.29	假单胞菌属	1	2.86
哈维氏弧菌	3	8.57	气单胞菌属	1	2.86
欧文斯氏弧菌	3	8.57	美人鱼发光杆菌	5	14.29

2. 分离菌株对抗菌药物的感受性分析

（1）大黄鱼源分离菌株对抗菌药物的感受性

2021 年度分离获得的大黄鱼病原菌主要有假单胞菌属、弧菌属、海豚链球菌、美人鱼发光杆菌。

①大黄鱼源假单胞菌对抗菌药物的感受性

8 株假单胞菌对 8 种抗菌药物的药物敏感性测定结果如表 4 至表 9 所示。其中，假单胞菌对恩诺沙星、硫酸新霉素及盐酸多西环素敏感，对其他药物均表现为耐药。

表 4　大黄鱼源假单胞菌对恩诺沙星的感受性分布（$n=8$）

供试药物	MIC$_{50}$ (μg/mL)	MIC$_{90}$ (μg/mL)	不同药物浓度（μg/mL）下的菌株数（株）											
			≥16	8	4	2	1	0.5	0.25	0.125	0.06	0.03	0.015	≤0.008
恩诺沙星	0.62	2.15		1			3	3	1					

表 5　大黄鱼源假单胞菌对硫酸新霉素、氟甲喹的感受性分布（$n=8$）

供试药物	MIC$_{50}$ (μg/mL)	MIC$_{90}$ (μg/mL)	不同药物浓度（μg/mL）下的菌株数（株）											
			≥256	128	64	32	16	8	4	2	1	0.5	0.25	≤0.125
硫酸新霉素	0.24	0.476 9									1	1	6	
氟甲喹	2.27	211.75	2						3		1			2

表 6　大黄鱼源假单胞菌对甲砜霉素、氟苯尼考的感受性分布（$n=8$）

供试药物	MIC$_{50}$ (μg/mL)	MIC$_{90}$ (μg/mL)	不同药物浓度（μg/mL）下的菌株数（株）											
			≥512	256	128	64	32	16	8	4	2	1	0.5	≤0.25
甲砜霉素	47.24	355.64		2	3	1	1				1			
氟苯尼考	109.15	≥512	3	2		2				1				

表 7　大黄鱼源假单胞菌对盐酸多西环素的感受性分布（$n=8$）

供试药物	MIC$_{50}$ (μg/mL)	MIC$_{90}$ (μg/mL)	不同药物浓度（μg/mL）下的菌株数（株）											
			≥128	64	32	16	8	4	2	1	0.5	0.25	0.125	≤0.06
盐酸多西环素	0.36	2.61					1		1	1	2	1	1	1

表 8　大黄鱼源假单胞菌对磺胺间甲氧嘧啶钠的感受性分布（$n=8$）

供试药物	MIC$_{50}$ (μg/mL)	MIC$_{90}$ (μg/mL)	不同药物浓度（μg/mL）下的菌株数（株）									
			≥1 024	512	256	128	64	32	16	8	4	≤2
磺胺间甲氧嘧啶钠	108.71	≥1 024		3	3		1					1

表 9　大黄鱼源假单胞菌对磺胺甲嘧唑/甲氧苄啶的感受性分布（$n=8$）

供试药物	MIC$_{50}$ (μg/mL)	MIC$_{90}$ (μg/mL)	不同药物浓度（μg/mL）下的菌株数（株）									
			≥608/32	304/16	152/8	76/4	38/2	19/1	9.5/0.5	4.8/0.25	2.4/0.12	≤1.2/0.06
磺胺甲嘧唑/甲氧苄啶	51.29/2.69	371.9/19.82		2	2	2	1				1	

②大黄鱼源弧菌对抗菌药物的感受性

从大黄鱼体内分离获得 26 株弧菌，主要为哈维氏弧菌和创伤弧菌。26 株弧菌对 8 种抗菌药物的感受性测定结果如表 10 至表 15 所示，各菌株对 8 种抗菌药物均不敏感。

表 10 大黄鱼源弧菌对恩诺沙星的感受性分布（n=26）

供试药物	MIC_{50}（μg/mL）	MIC_{90}（μg/mL）	不同药物浓度（μg/mL）下的菌株数（株）											
			≥16	8	4	2	1	0.5	0.25	0.125	0.06	0.03	0.015	≤0.008
恩诺沙星	0.46	5.06	2	3	1	2	1	7	6	2		1		1

表 11 大黄鱼源弧菌对硫酸新霉素、氟甲喹的感受性分布（n=26）

供试药物	MIC_{50}（μg/mL）	MIC_{90}（μg/mL）	不同药物浓度（μg/mL）下的菌株数（株）											
			≥256	128	64	32	16	8	4	2	1	0.5	0.25	≤0.125
硫酸新霉素	0.99	3.73					1	2	3	6	6	6	2	
氟甲喹	3.19	104.72	5	1		1	2	1	1		1			14

表 12 大黄鱼源弧菌对甲砜霉素、氟苯尼考的感受性分布（n=26）

供试药物	MIC_{50}（μg/mL）	MIC_{90}（μg/mL）	不同药物浓度（μg/mL）下的菌株数（株）											
			≥512	256	128	64	32	16	8	4	2	1	0.5	≤0.25
甲砜霉素	6.22	185.94	4	2			2	3	1		8	5		1
氟苯尼考	3.94	48.37	1	1	2	1	1		3	5	10	2		

表 13 大黄鱼源弧菌对盐酸多西环素的感受性分布（n=26）

供试药物	MIC_{50}（μg/mL）	MIC_{90}（μg/mL）	不同药物浓度（μg/mL）下的菌株数（株）											
			≥128	64	32	16	8	4	2	1	0.5	0.25	0.125	≤0.06
盐酸多西环素	0.01	53.57	4			1				1	1	2	3	14

表 14 大黄鱼源弧菌对磺胺间甲氧嘧啶钠的感受性分布（n=26）

供试药物	MIC_{50}（μg/mL）	MIC_{90}（μg/mL）	不同药物浓度（μg/mL）下的菌株数（株）									
			≥1 024	512	256	128	64	32	16	8	4	≤2
磺胺间甲氧嘧啶钠	2.29	835.71	4	1	2			1		4	2	12

表 15 大黄鱼源弧菌对磺胺甲噁唑/甲氧苄啶的感受性分布（n=26）

供试药物	MIC_{50}（μg/mL）	MIC_{90}（μg/mL）	不同药物浓度（μg/mL）下的菌株数（株）									
			≥608/32	304/16	152/8	76/4	38/2	19/1	9.5/0.5	4.8/0.25	2.4/0.12	≤1.2/0.06
磺胺甲噁唑/甲氧苄啶	1.01/0.05	561.73/30.16	3	3	1		1				7	11

③大黄鱼源美人鱼发光杆菌对抗菌药物的感受性

分离到 10 株美人鱼发光杆菌，10 株美人鱼发光杆菌对各种抗菌药物的感受性测定结果如表 16 至表 21 所示。各菌株对恩诺沙星敏感，对氟甲喹、甲砜霉素、氟苯尼考及磺胺间甲氧嘧啶表现为耐药。

表 16　大黄鱼源美人鱼发光杆菌对恩诺沙星的感受性分布（n=10）

供试药物	MIC_{50}（μg/mL）	MIC_{90}（μg/mL）	不同药物浓度（μg/mL）下的菌株数（株）											
			≥16	8	4	2	1	0.5	0.25	0.125	0.06	0.03	0.015	≤0.008
恩诺沙星	0.25	1.90	1			1			3	5				

表 17　大黄鱼源美人鱼发光杆菌对硫酸新霉素、氟甲喹的感受性分布（n=10）

供试药物	MIC_{50}（μg/mL）	MIC_{90}（μg/mL）	不同药物浓度（μg/mL）下的菌株数（株）											
			≥256	128	64	32	16	8	4	2	1	0.5	0.25	≤0.125
硫酸新霉素	1.22	6.58					1	1	3		1	3	1	
氟甲喹	47.38	≥256	5	1		1		1		1				1

表 18　大黄鱼源美人鱼发光杆菌对甲砜霉素、氟苯尼考的感受性分布（n=10）

供试药物	MIC_{50}（μg/mL）	MIC_{90}（μg/mL）	不同药物浓度（μg/mL）下的菌株数（株）											
			≥512	256	128	64	32	16	8	4	2	1	0.5	≤0.25
甲砜霉素	15.14	127.48		2	1			3	3			1		
氟苯尼考	3.97	20.35				2				4	4			

表 19　大黄鱼源美人鱼发光杆菌对盐酸多西环素的感受性分布（n=10）

供试药物	MIC_{50}（μg/mL）	MIC_{90}（μg/mL）	不同药物浓度（μg/mL）下的菌株数（株）											
			≥128	64	32	16	8	4	2	1	0.5	0.25	0.125	≤0.06
盐酸多西环素	0.25	9.21	1					1			1	5	1	1

表 20　大黄鱼源美人鱼发光杆菌对磺胺间甲氧嘧啶钠的感受性分布（n=10）

供试药物	MIC_{50}（μg/mL）	MIC_{90}（μg/mL）	不同药物浓度（μg/mL）下的菌株数（株）									
			≥1 024	512	256	128	64	32	16	8	4	≤2
磺胺间甲氧嘧啶钠	46.43	156.79		1		3	1	4	1			

表 21　大黄鱼源美人鱼发光杆菌对磺胺甲噁唑/甲氧苄啶的感受性分布（n=10）

供试药物	MIC_{50}（μg/mL）	MIC_{90}（μg/mL）	不同药物浓度（μg/mL）下的菌株数（株）									
			≥608/32	304/16	152/8	76/4	38/2	19/1	9.5/0.5	4.8/0.25	2.4/0.12	≤1.2/0.06
磺胺甲噁唑/甲氧苄啶	6.65/0.34	72.53/3.81	1					2	3	2	1	1

④大黄鱼源海豚链球菌对抗菌药物的感受性

从大黄鱼体内分离到 9 株海豚链球菌，9 株菌株对各种抗菌药物的感受性测定结果如表 22 至表 27 所示。海豚链球菌对恩诺沙星、氟甲喹、盐酸多西环素及磺胺甲噁唑/甲氧苄啶敏感，对硫酸新霉素、甲砜霉素及氟苯尼考表现为耐药。

表 22　大黄鱼源海豚链球菌对恩诺沙星的感受性分布（n=9）

供试药物	MIC_{50}（μg/mL）	MIC_{90}（μg/mL）	不同药物浓度（μg/mL）下的菌株数（株）											
			≥16	8	4	2	1	0.5	0.25	0.125	0.06	0.03	0.015	≤0.008
恩诺沙星	0.09	0.15								9				

表 23　大黄鱼源海豚链球菌对硫酸新霉素、氟甲喹的感受性分布（n=9）

供试药物	MIC_{50}（μg/mL）	MIC_{90}（μg/mL）	不同药物浓度（μg/mL）下的菌株数（株）											
			≥256	128	64	32	16	8	4	2	1	0.5	0.25	≤0.125
硫酸新霉素	8.98	14.45					6	3						
氟甲喹	1.13	1.94							1	4	4			

表 24　大黄鱼源海豚链球菌对甲砜霉素、氟苯尼考的感受性分布（n=9）

供试药物	MIC_{50}（μg/mL）	MIC_{90}（μg/mL）	不同药物浓度（μg/mL）下的菌株数（株）											
			≥512	256	128	64	32	16	8	4	2	1	0.5	≤0.25
甲砜霉素	5.62	8.76							9					
氟苯尼考	5.62	8.76								9				

表 25　大黄鱼源海豚链球菌对盐酸多西环素的感受性分布（n=9）

供试药物	MIC_{50}（μg/mL）	MIC_{90}（μg/mL）	不同药物浓度（μg/mL）下的菌株数（株）											
			≥128	64	32	16	8	4	2	1	0.5	0.25	0.125	≤0.06
盐酸多西环素	0.90	0.20											9	

表 26　大黄鱼源海豚链球菌对磺胺间甲氧嘧啶钠的感受性分布（n=9）

供试药物	MIC_{50}（μg/mL）	MIC_{90}（μg/mL）	不同药物浓度（μg/mL）下的菌株数（株）									
			≥1 024	512	256	128	64	32	16	8	4	≤2
磺胺间甲氧嘧啶钠	38.51	59.36					7	2				

表 27　大黄鱼源海豚链球菌对磺胺甲噁唑/甲氧苄啶的感受性分布（n=9）

供试药物	MIC_{50}（μg/mL）	MIC_{90}（μg/mL）	不同药物浓度（μg/mL）下的菌株数（株）									
			≥608/32	304/16	152/8	76/4	38/2	19/1	9.5/0.5	4.8/0.25	2.4/0.12	≤1.2/0.06
磺胺甲噁唑/甲氧苄啶	≤1.2/0.06	≤1.2/0.06										9

（2）鳗鲡源分离菌株对抗菌药物的感受性

①鳗鲡源气单胞菌对抗菌药物的感受性

从鳗鲡体内分离到19株气单胞菌，气单胞菌对各种抗菌药物的感受性测定结果如表28至表33所示。鳗鲡源气单胞菌对恩诺沙星敏感，对其他7种抗菌药物均不敏感。

表28　鳗鲡源气单胞菌对恩诺沙星的感受性分布（n=19）

供试药物	MIC_{50}（μg/mL）	MIC_{90}（μg/mL）	不同药物浓度（μg/mL）下的菌株数（株）											
			≥16	8	4	2	1	0.5	0.25	0.125	0.06	0.03	0.015	≤0.008
恩诺沙星	0.22	1.75	1	1		1	2	1	1	11		1		

表29　鳗鲡源气单胞菌对硫酸新霉素、氟甲喹的感受性分布（n=19）

供试药物	MIC_{50}（μg/mL）	MIC_{90}（μg/mL）	不同药物浓度（μg/mL）下的菌株数（株）											
			≥256	128	64	32	16	8	4	2	1	0.5	0.25	≤0.125
硫酸新霉素	1.45	6.12			1			1	3	4	9	1		
氟甲喹	261.29	≥256	14		1			1						3

表30　鳗鲡源气单胞菌对甲砜霉素、氟苯尼考的感受性分布（n=19）

供试药物	MIC_{50}（μg/mL）	MIC_{90}（μg/mL）	不同药物浓度（μg/mL）下的菌株数（株）											
			≥512	256	128	64	32	16	8	4	2	1	0.5	≤0.25
甲砜霉素	21.42	250.42	1	5	1		3	2	4	1		2		
氟苯尼考	11.83	178.96	1	5			1	1	1	5	5			

表31　鳗鲡源气单胞菌对盐酸多西环素的感受性分布（n=19）

供试药物	MIC_{50}（μg/mL）	MIC_{90}（μg/mL）	不同药物浓度（μg/mL）下的菌株数（株）											
			≥128	64	32	16	8	4	2	1	0.5	0.25	0.125	≤0.06
盐酸多西环素	1.62	145.29	5	1				1		5	3	1		3

表32　鳗鲡源气单胞菌对磺胺间甲氧嘧啶钠的感受性分布（n=19）

供试药物	MIC_{50}（μg/mL）	MIC_{90}（μg/mL）	不同药物浓度（μg/mL）下的菌株数（株）									
			≥1 024	512	256	128	64	32	16	8	4	≤2
磺胺间甲氧嘧啶钠	69.95	277.63			10		6		2	1		

表33　鳗鲡源气单胞菌对磺胺甲噁唑/甲氧苄啶的感受性分布（n=19）

供试药物	MIC_{50}（μg/mL）	MIC_{90}（μg/mL）	不同药物浓度（μg/mL）下的菌株数（株）									
			≥608/32	304/16	152/8	76/4	38/2	19/1	9.5/0.5	4.8/0.25	2.4/0.12	≤1.2/0.06
磺胺甲噁唑/甲氧苄啶	72.20/3.80	416.04/21.96		8	5	2		1	2	1		

②鳗鲡源弧菌对抗菌药物的感受性

从鳗鲡体内分离到 8 株弧菌，鳗鲡源弧菌对各种抗菌药物的感受性测定结果如表 34 至表 39 所示。鳗鲡源弧菌对恩诺沙星、硫酸新霉素、氟甲喹、盐酸多西环素及磺胺甲噁唑/甲氧苄啶敏感。

表 34　鳗鲡源弧菌对恩诺沙星的感受性分布（$n=8$）

供试药物	MIC_{50} (μg/mL)	MIC_{90} (μg/mL)	不同药物浓度（μg/mL）下的菌株数（株）											
			≥16	8	4	2	1	0.5	0.25	0.125	0.06	0.03	0.015	≤0.008
恩诺沙星	0.01	0.05								1	1		1	5

表 35　鳗鲡源弧菌对硫酸新霉素、氟甲喹的感受性分布（$n=8$）

供试药物	MIC_{50} (μg/mL)	MIC_{90} (μg/mL)	不同药物浓度（μg/mL）下的菌株数（株）											
			≥256	128	64	32	16	8	4	2	1	0.5	0.25	≤0.125
硫酸新霉素	0.33	1.22								1	3	1	1	2
氟甲喹	≤0.125	2.68			1									7

表 36　鳗鲡源弧菌对甲砜霉素、氟苯尼考的感受性分布（$n=8$）

供试药物	MIC_{50} (μg/mL)	MIC_{90} (μg/mL)	不同药物浓度（μg/mL）下的菌株数（株）											
			≥512	256	128	64	32	16	8	4	2	1	0.5	≤0.25
甲砜霉素	0.08	3.12						1			1			6
氟苯尼考	0.97	3.48							1		4	1	1	1

表 37　鳗鲡源弧菌对盐酸多西环素的感受性分布（$n=8$）

供试药物	MIC_{50} (μg/mL)	MIC_{90} (μg/mL)	不同药物浓度（μg/mL）下的菌株数（株）											
			≥128	64	32	16	8	4	2	1	0.5	0.25	0.125	≤0.06
盐酸多西环素	0.09	1.14						1			2	1		4

表 38　鳗鲡源弧菌对磺胺间甲氧嘧啶钠的感受性分布（$n=8$）

供试药物	MIC_{50} (μg/mL)	MIC_{90} (μg/mL)	不同药物浓度（μg/mL）下的菌株数（株）									
			≥1 024	512	256	128	64	32	16	8	4	≤2
磺胺间甲氧嘧啶钠	4.82	170.49			1	2					2	3

表 39　鳗鲡源弧菌对磺胺甲噁唑/甲氧苄啶的感受性分布（$n=8$）

供试药物	MIC_{50} (μg/mL)	MIC_{90} (μg/mL)	不同药物浓度（μg/mL）下的菌株数（株）									
			≥608/32	304/16	152/8	76/4	38/2	19/1	9.5/0.5	4.8/0.25	2.4/0.12	≤1.2/0.06
磺胺甲噁唑/甲氧苄啶	0.71/0.04	26.65/1.4				1	1				1	5

③鳗鲡源假单胞菌对抗菌药物的感受性

从鳗鲡体内分离到的3株假单胞菌对恩诺沙星及盐酸土霉素敏感，$MIC_{90} \leqslant 2\mu g/mL$，对其他抗菌药物均表现为耐药。

（3）对虾源分离菌株对抗菌药物的感受性

①对虾源弧菌对抗菌药物的感受性

从对虾体内分离到28株弧菌，28株菌株对各种抗菌药物的感受性测定结果如表40至表45所示。对虾源弧菌对恩诺沙星、硫酸新霉素、氟甲喹敏感，对甲砜霉素、氟苯尼考、磺胺间甲氧嘧啶钠及磺胺甲噁唑/甲氧苄啶耐药。

表40　对虾源弧菌对恩诺沙星的耐药性感受分布（n=28）

供试药物	MIC_{50}（μg/mL）	MIC_{90}（μg/mL）	不同药物浓度（μg/mL）下的菌株数（株）											
			≥16	8	4	2	1	0.5	0.25	0.125	0.06	0.03	0.015	≤0.008
恩诺沙星	0.12	0.42				1		1	15	9		1		1

表41　对虾源弧菌对硫酸新霉素、氟甲喹的耐药性感受分布（n=28）

供试药物	MIC_{50}（μg/mL）	MIC_{90}（μg/mL）	不同药物浓度（μg/mL）下的菌株数（株）											
			≥256	128	64	32	16	8	4	2	1	0.5	0.25	≤0.125
硫酸新霉素	0.43	0.89									14	11	1	2
氟甲喹	0.01	0.16							1	1				26

表42　对虾源弧菌对甲砜霉素、氟苯尼考的耐药性感受分布（n=28）

供试药物	MIC_{50}（μg/mL）	MIC_{90}（μg/mL）	不同药物浓度（μg/mL）下的菌株数（株）											
			≥512	256	128	64	32	16	8	4	2	1	0.5	≤0.25
甲砜霉素	1.84	32.78	2	1					1	5	10	6	1	2
氟苯尼考	2.08	12.61		1		1			1	7	14	2	1	1

表43　对虾源弧菌对盐酸多西环素的耐药性感受分布（n=28）

供试药物	MIC_{50}（μg/mL）	MIC_{90}（μg/mL）	不同药物浓度（μg/mL）下的菌株数（株）											
			≥128	64	32	16	8	4	2	1	0.5	0.25	0.125	≤0.06
盐酸多西环素	0.31	5.46				2	1	4	5	3		1	3	9

表44　对虾源弧菌对磺胺间甲氧嘧啶钠的耐药性感受分布（n=28）

供试药物	MIC_{50}（μg/mL）	MIC_{90}（μg/mL）	不同药物浓度（μg/mL）下的菌株数（株）									
			≥1 024	512	256	128	64	32	16	8	4	≤2
磺胺间甲氧嘧啶钠	25.37	982.32	4		5	6	1	2		1	1	8

表 45　对虾源弧菌对磺胺甲噁唑/甲氧苄啶的耐药性感受分布（n=28）

供试药物	MIC_{50} (μg/mL)	MIC_{90} (μg/mL)	不同药物浓度（μg/mL）下的菌株数（株）									
			≥608/32	304/16	152/8	76/4	38/2	19/1	9.5/0.5	4.8/0.25	2.4/0.12	≤1.2/0.06
磺胺甲噁唑/甲氧苄啶	13.42/0.7	278.13/14.89	2	3	1	3	7	2	2		1	7

②对虾源美人鱼发光杆菌对抗菌药物的感受性

从对虾体内分离到 5 株美人鱼发光杆菌，5 株菌株对各种抗菌药物的感受性测定结果如表 46 至表 51 所示。对虾源美人鱼发光杆菌对磺胺类抗菌药物表现为耐药，对其他 6 种抗菌药物均较敏感。

表 46　对虾源美人鱼发光杆菌对恩诺沙星的耐药性感受分布（n=5）

供试药物	MIC_{50} (μg/mL)	MIC_{90} (μg/mL)	不同药物浓度（μg/mL）下的菌株数（株）											
			≥16	8	4	2	1	0.5	0.25	0.125	0.06	0.03	0.015	≤0.008
恩诺沙星	0.10	0.42					1			3		1		

表 47　对虾源美人鱼发光杆菌对硫酸新霉素、氟甲喹的耐药性感受分布（n=5）

供试药物	MIC_{50} (μg/mL)	MIC_{90} (μg/mL)	不同药物浓度（μg/mL）下的菌株数（株）											
			≥256	128	64	32	16	8	4	2	1	0.5	0.25	≤0.125
硫酸新霉素	0.39	1.07									3		1	1
氟甲喹	0.03	1.24							1					4

表 48　对虾源美人鱼发光杆菌对甲砜霉素、氟苯尼考的耐药性感受分布（n=5）

供试药物	MIC_{50} (μg/mL)	MIC_{90} (μg/mL)	不同药物浓度（μg/mL）下的菌株数（株）											
			≥512	256	128	64	32	16	8	4	2	1	0.5	≤0.25
甲砜霉素	0.59	1.66									2	1	1	1
氟苯尼考	0.591	1.66									2	1	1	1

表 49　对虾源美人鱼发光杆菌对盐酸多西环素的耐药性感受分布（n=5）

供试药物	MIC_{50} (μg/mL)	MIC_{90} (μg/mL)	不同药物浓度（μg/mL）下的菌株数（株）											
			≥128	64	32	16	8	4	2	1	0.5	0.25	0.125	≤0.06
盐酸多西环素	0.140	1.833							2				1	2

表 50　对虾源美人鱼发光杆菌对磺胺间甲氧嘧啶钠的耐药性感受分布（n=5）

供试药物	MIC_{50} (μg/mL)	MIC_{90} (μg/mL)	不同药物浓度（μg/mL）下的菌株数（株）									
			≥1 024	512	256	128	64	32	16	8	4	≤2
磺胺间甲氧嘧啶钠	3.57	90.76			1					2		2

表 51　对虾源美人鱼发光杆菌对磺胺甲噁唑/甲氧苄啶的耐药性感受分布（$n=5$）

供试药物	MIC_{50}（μg/mL）	MIC_{90}（μg/mL）	不同药物浓度（μg/mL）下的菌株数（株）									
			≥608/32	304/16	152/8	76/4	38/2	19/1	9.5/0.5	4.8/0.25	2.4/0.12	≤1.2/0.06
磺胺甲噁唑/甲氧苄啶	2.61/0.13	117.8/6.22		1					1	1		2

③对虾源假单胞菌对抗菌药物的感受性

从对虾体内分离到1株假单胞菌，假单胞菌对恩诺沙星、硫酸新霉素及氟甲喹敏感，MIC_{90}均低于1μg/mL，对甲砜霉素、氟苯尼考及盐酸多西环素表现为中介，对磺胺类药物表现为耐药。

3. 耐药性变化情况

同2020年相比较，2021年大黄鱼源假单胞菌对氟甲喹的感受性由敏感转为耐药；大黄鱼源弧菌对甲砜霉素、氟苯尼考、盐酸多西环素及氟甲喹的感受性均由敏感转为耐药；大黄鱼源美人鱼发光杆菌对甲砜霉素、氟苯尼考及氟甲喹的感受性由敏感转为耐药；对虾源弧菌对磺胺间甲氧嘧啶钠的药物感受性由敏感转为耐药；鳗鲡源气单胞菌对硫酸新霉素的药物敏感性降低。2021年水产养殖中多种主要病原微生物对抗菌药物的感受性发生了很大的变化，耐药性在不断提高，在生产中应科学合理地使用水产用抗菌药物，避免耐药菌株的产生。

三、分析与建议

1. 试验结果分析

2021年从大黄鱼体内分离获得的假单胞菌的数量较少，这与4—11月不是大黄鱼内脏白点病的流行季节有关，但该期间大黄鱼也出现了脾脏肿大、内脏白点的症状，从患病大黄鱼体内分离获得的主要病原菌为弧菌属、美人鱼发光杆菌及海豚链球菌，引起大黄鱼内脏白点的原因有待进一步研究。大黄鱼源假单胞菌对恩诺沙星及硫酸新霉素敏感，养殖过程中可选择这两种抗菌药物对假单胞菌进行预防控制。

2021年从鳗鲡体内分离到的致病菌主要是气单胞菌和弧菌，鳗鲡源气单胞菌只对恩诺沙星敏感，对其他7种抗菌药物均不敏感，在养殖过程中应避免抗菌药物的滥用，避免耐药菌株的产生。

对虾源弧菌对恩诺沙星、硫酸新霉素及氟甲喹敏感，在对虾养殖过程中可根据药敏试验结果优先选择这3种抗菌药物进行弧菌的预防控制。

2. 扩大耐药性普查的广度与深度，做到“点面结合”

2021年福建省耐药性普查采样点设置较广泛，同一采样点养殖品种体内分离获得的致病菌对8种抗菌药物的感受性基本一致，但从不同养殖场的养殖品种体内分离获得的致病菌对8种抗菌药物的感受性差异较大，这与各个养殖场的用药习惯不同有关。因此，在扩大耐药性普查范围的同时应持续监测同一养殖场的用药情况及主要病原菌对同一抗菌药物敏感性的变化规律，以指导水产养殖业者科学规范用药，助力我省渔业绿色高质量发展。

3. 加大力度研发抗菌药物替代品

抗菌药物的过度使用会增加细菌的耐药性，对养殖水体也会有一定程度的破坏，因此，加大力度研发相应水产疫苗、中草药及其他微生态制剂以减少抗菌药物在水产养殖过程中的使用，可以有效避免细菌耐药性的产生。

2021年山东省水产养殖动物主要病原菌耐药性状况分析

潘秀莲[1]　杨凤香[2]　徐玉龙[3]　闫　行[4]

（1. 山东省渔业发展和资源养护总站　2. 济宁市渔业发展和资源养护中心
3. 聊城市茌平区水产渔业技术推广服务中心　4. 鱼台县渔业发展服务中心）

为了解掌握水产养殖主要病原菌耐药性情况及变化规律，指导科学使用水产用抗菌药物，提高细菌性病害防控成效，推动渔业绿色高质量发展，2021年山东省重点从小龙虾和加州鲈两个养殖品种中分离得到柠檬酸杆菌、变形杆菌、维氏气单胞菌、弧菌等病原菌，并测定其对8种水产用抗菌药物的敏感性，具体结果如下。

一、材料与方法

1. 样品采集

确定鱼台县渔业发展服务中心为小龙虾病原微生物耐药性普查试点具体实施单位；确定聊城市茌平区水产渔业技术推广服务中心为加州鲈病原微生物耐药性普查试点具体实施单位。

（1）小龙虾

试验样品采样点为鱼台县渔湖湾渔业发展有限公司、济宁裕米丰生态农业有限公司、鱼台绿源生态农业有限公司。供试菌株为采集患病小龙虾自行分离的病原菌。2021年4—10月每月采集试验样本4只，累计采样7次，共计84尾。

（2）加州鲈

试验样品采样点为山东泰丰鸿基农业科技开发有限公司和茌平润生养殖专业合作社。供试菌株为采集病鱼自行分离的病原菌。2021年5—10月，采集具有典型病症的病鱼试验样本，无病症时采集正常样本例行检验，每个采样点采集样本2尾，累计采样6次，共计24尾。

2. 病原菌分离筛选及保存

采集定点养殖场中发病濒死或有典型病症的小龙虾和加州鲈活体充氧带回实验室，当天完成解剖。选取病灶组织（如肌肉、肝胰腺、肠、鳃等）或器官接种于选择性培养基中，分离病原菌。其中弧菌接种于TCBS培养基分离培养，其他菌接种于普通培养基分离培养，培养条件为28℃±1℃，24～48h后观察菌落特征，挑取单菌落接种于普通培养基和TCBS培养基纯化，纯化后的菌落，一份用于药敏试验，一份送上海海洋大学测序鉴定，同时甘油保种于−20℃冻存备用。

3. 供试菌株最小抑菌浓度的测定

采用全国水产技术推广总站统一制定的96孔药敏板，内含恩诺沙星、硫酸新霉素、甲砜霉素、氟苯尼考、盐酸多西环素、氟甲喹、磺胺间甲氧嘧啶钠、磺胺甲噁唑/甲氧苄啶，共8种供试水产用抗菌药物，对分离出的病原菌进行最小抑菌浓度（MIC）的测定。挑取纯化后的单菌落，用生理盐水配制纯培养物菌悬液，经平板计数测定浓度后，分别加于各药物浓度梯度中，使菌液在各药物梯度中的终浓度为（2～4）$\times 10^5$ 个/mL。将阴性对照孔和阳性对照孔中分别加入稀释用的无菌生理盐水和标准大肠杆菌菌悬液各 200μL；96 孔药敏微孔板中加入（2～4）$\times 10^5$ 个/mL 浓度的病原菌菌悬液 200μL；轻微摇晃药敏板，使其混匀，于 28℃±1℃培养，24～28h 观察记录菌株生长情况，以抑制菌株生长的最高稀释度作为该菌株测试药物的最小抑菌浓度。

4. 数据统计方法

根据美国临床实验室标准研究所（CLSI）发布的药物敏感性及耐药性标准对菌株耐药性进行判定。恩诺沙星：S 敏感，MIC≤0.5μg/mL；R 耐药，MIC≥4μg/mL；盐酸多西环素、氟甲喹：S 敏感，MIC ≤ 4μg/mL；I 中介，MIC = 8μg/mL；R 耐药，MIC≥16μg/mL；氟苯尼考、甲砜霉素、硫酸新霉素：S 敏感，MIC≤2μg/mL；I 中介，MIC=4μg/mL；R 耐药，MIC≥8μg/mL；磺胺甲噁唑/甲氧苄啶：S 敏感，MIC≤38/2μg/mL；R 耐药，MIC≥76/2μg/mL；磺胺间甲氧嘧啶钠：S 敏感，MIC≤256μg/mL；R 耐药，MIC≥512μg/mL。应用 SPSS 软件统计各供试菌株试验结果。

菌株敏感率（%）=（敏感菌株数量÷菌株总数）×100%；MIC_{50} 为抑制 50%受试菌株生长所需的最小抑菌浓度；MIC_{90} 为抑制 90%受试菌株生长所需的最小抑菌浓度。

二、药敏测试结果

1. 病原菌分离鉴定总体情况

（1）小龙虾

7 次采样累计采集小龙虾 84 尾用于病原菌分离，共分离纯化获得病原菌 69 株，经上海海洋大学测序鉴定，最终反馈回 43 株测序结果。在测回的 43 株菌中，杆菌属 22 株（51.16%），包括 14 株柠檬酸杆菌、5 株变形杆菌、1 株黄体短杆菌、2 株纤细弯曲杆菌；气单胞菌属 16 株（37.21%），包括 4 株维氏气单胞菌、2 株温和气单胞菌、1 株嗜水气单胞菌、1 株豚鼠气单胞菌和其他气单胞菌属 8 株；弧菌 3 株（6.98%），均为副溶血弧菌；1 株希瓦氏菌属（2.33%），1 株葡萄球菌（2.33%），见图 1。

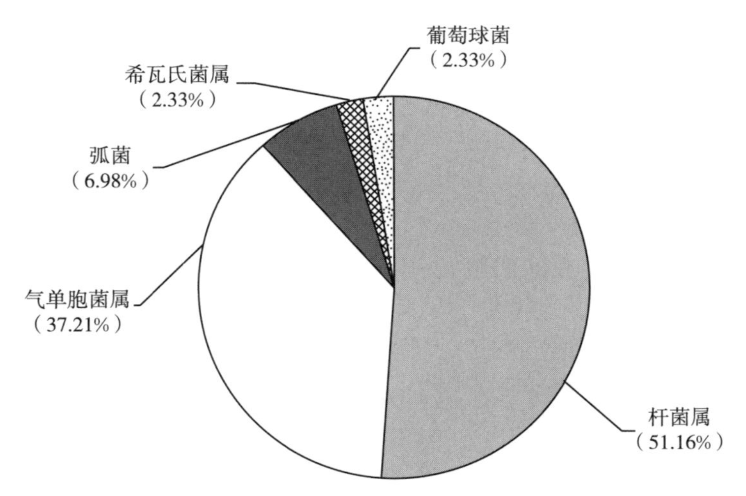

图 1　小龙虾病原菌分离概况

（2）加州鲈

6次采样累计采集加州鲈24尾用于病原菌分离，共分离纯化获得病原菌13株。经上海海洋大学测序鉴定，反馈回13株测序结果，见图2。其中，维氏气单胞菌4株（30.77%）；弧菌3株，包括创伤弧菌2株（15.38%）、纳瓦拉弧菌1株（7.69%）；希瓦氏菌2株（15.38%）；金色金色微菌1株（7.69%）；柠檬酸杆菌1株（7.69%）；沃氏葡萄球菌1株（7.69%）；深海微小杆菌1株（7.69%）。

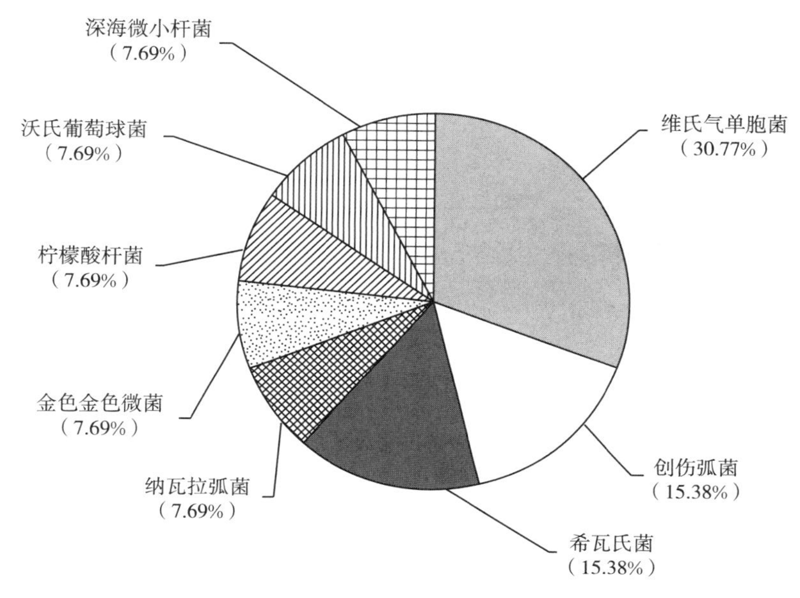

图2 加州鲈病原菌分离概况

2. 病原菌耐药性分析

（1）小龙虾

分离纯化并反馈测序结果的43株菌株对不同抗菌药物的感受性结果详见表1至表15。

表1 气单胞菌对6种水产药物的感受性分布（n=16）

供试药物	敏感率（%）	MIC$_{50}$（μg/mL）	MIC$_{90}$（μg/mL）	不同药物浓度（μg/mL）下的菌株数（株）										
				200	100	50	25	12.5	6.25	3.13	1.56	0.78	0.39	≤0.2
恩诺沙星	93.75	0.308	2.54					1		2	2	1	4	6
硫酸新霉素	62.5	1.6	51.72				1			3	4	3	3	2
甲砜霉素	50	1.54	26.71		1	2	1			4	2	1	3	2
氟苯尼考	68.75	1.15	10.36		1		1		1	2	3	4	4	
盐酸多西环素	81.25	0.85	16.61	1			1	1		2	3	4		4
氟甲喹	93.75	0.004	3.17	1								3	1	11

①气单胞菌对抗菌药物的感受性

16株气单胞菌对恩诺沙星和氟甲喹较为敏感，MIC集中在≤0.20μg/mL，MIC_{90}分别为2.54μg/mL、3.17μg/mL；硫酸新霉素、甲砜霉素、氟苯尼考、盐酸多西环素的MIC集中在0.20～3.13μg/mL，MIC_{90}介于10.36～51.72μg/mL之间；对磺胺间甲氧嘧啶钠相对耐药，MIC_{90}达到或接近检测上限；磺胺甲噁唑/甲氧苄啶的MIC为4/0.8～128/51.2μg/mL。

表2　气单胞菌对磺胺间甲氧嘧啶钠的感受性分布（n=16）

供试药物	敏感率（%）	MIC_{50}（μg/mL）	MIC_{90}（μg/mL）	不同药物浓度（μg/mL）下的菌株数（株）									
				512	256	128	64	32	16	8	4	2	1
磺胺间甲氧嘧啶钠	12.5	196.95	1 992.18	10	2	1	1		1		1		

表3　气单胞菌对磺胺甲噁唑/甲氧苄啶的感受性分布（n=16）

供试药物	敏感率（%）	MIC_{50}（μg/mL）	MIC_{90}（μg/mL）	不同药物浓度（μg/mL）下的菌株数（株）									
				512/102.4	256/51.2	128/51.2	64/12.8	32/6.4	16/3.2	8/1.6	4/0.8	2/0.4	1/0.2
磺胺甲噁唑/甲氧苄啶	68.75	14.01/2.80	53.12/10.62			1	4	2	4	2	3		

②杆菌对抗菌药物的感受性

杆菌对恩诺沙星、硫酸新霉素较为敏感，MIC_{90}分别为5.48μg/mL、1.36μg/mL；氟甲喹、甲砜霉素MIC_{90}分别为137.62μg/mL、194.28μg/mL，较为耐药；对磺胺类药物相对耐药，MIC_{90}均达到或接近检测上限。

表4　杆菌对6种水产药物的感受性分布（n=22）

供试药物	敏感率（%）	MIC_{50}（μg/mL）	MIC_{90}（μg/mL）	不同药物浓度（μg/mL）下的菌株数（株）										
				≥200	100	50	25	12.5	6.25	3.13	1.56	0.78	0.39	≤0.2
恩诺沙星	77.27	0.37	5.48				1	2	2		2	4	2	9
硫酸新霉素	95.45	0.45	1.36						1		4	7	7	3
甲砜霉素	27.27	7.51	194.28	2	4	3	2	2	2	1	1	1	2	2
氟苯尼考	36.36	4.81	44.19		1	2	7	3	1		3	4		1
盐酸多西环素	54.55	1.74	12.32			1		4	5	2	3	4		3
氟甲喹	72.73	0.061	137.62	4				1		1		3	1	12

表5　杆菌对磺胺间甲氧嘧啶钠的感受性分布（n=22）

供试药物	敏感率（%）	MIC_{50}（μg/mL）	MIC_{90}（μg/mL）	不同药物浓度（μg/mL）下的菌株数（株）									
				512	256	128	64	32	16	8	4	2	1
磺胺间甲氧嘧啶钠	22.73	80.01	1 568.29	8	3	2	4		2	1			2

表6 杆菌对磺胺甲噁唑/甲氧苄啶的感受性分布（n=22）

供试药物	敏感率（%）	MIC₅₀（μg/mL）	MIC₉₀（μg/mL）	不同药物浓度（μg/mL）下的菌株数（株）									
				512/102.4	256/51.2	128/51.2	64/12.8	32/6.4	16/3.2	8/1.6	4/0.8	2/0.4	1/0.2
磺胺甲噁唑/甲氧苄啶	54.55	12.71/2.54	276.21/55.24		6	2	2		1	3	4		4

③其他菌对抗菌药物的感受性

恩诺沙星对弧菌的MIC集中在≤0.20μg/mL，弧菌对恩诺沙星与硫酸新霉素敏感率均达100%，对磺胺间甲氧嘧啶钠表现较为耐药；葡萄球菌对硫酸新霉素、盐酸多西环素、氟甲喹和磺胺甲噁唑/甲氧苄啶较为敏感；希瓦氏菌属对除磺胺间甲氧嘧啶钠外的7种抗菌药物，均较为敏感。

表7 弧菌对6种水产药物的感受性分布（n=3）

供试药物	敏感率（%）	不同药物浓度（μg/mL）下的菌株数（株）										
		≥200	100	50	25	12.5	6.25	3.13	1.56	0.78	0.39	≤0.2
恩诺沙星	100.00											3
硫酸新霉素	100.00								2		1	
甲砜霉素	33.33		1				1		1			
氟苯尼考	66.67				1				2			
盐酸多西环素	66.67						1			2		
氟甲喹	33.33	2										1

表8 弧菌对磺胺间甲氧嘧啶钠的感受性分布（n=3）

供试药物	敏感率（%）	MIC₅₀（μg/mL）	MIC₉₀（μg/mL）	不同药物浓度（μg/mL）下的菌株数（株）									
				512	256	128	64	32	16	8	4	2	1
磺胺间甲氧嘧啶钠	0.00			1	1		1						

表9 弧菌对磺胺甲噁唑/甲氧苄啶的感受性分布（n=3）

供试药物	敏感率（%）	MIC₅₀（μg/mL）	MIC₉₀（μg/mL）	不同药物浓度（μg/mL）下的菌株数（株）									
				512/102.4	256/51.2	128/51.2	64/12.8	32/6.4	16/3.2	8/1.6	4/0.8	2/0.4	1/0.2
磺胺甲噁唑/甲氧苄啶	66.67						1			1	1		

表10 希瓦氏菌属对6种水产药物的感受性分布（n=1）

供试药物	敏感率（%）	不同药物浓度（μg/mL）下的菌株数（株）										
		≥200	100	50	25	12.5	6.25	3.13	1.56	0.78	0.39	≤0.2
恩诺沙星	100											1
硫酸新霉素	100										1	
甲砜霉素	100										1	
氟苯尼考	100									1		
盐酸多西环素	100											1
氟甲喹	100											1

表 11　希瓦氏菌属对磺胺间甲氧嘧啶钠药物的感受性分布（$n=1$）

供试药物	敏感率（%）	MIC_{50}（μg/mL）	MIC_{90}（μg/mL）	不同药物浓度（μg/mL）下的菌株数（株）									
				512	256	128	64	32	16	8	4	2	1
磺胺间甲氧嘧啶钠	0	1	1										

表 12　希瓦氏菌属对磺胺甲噁唑/甲氧苄啶的感受性分布（$n=1$）

供试药物	敏感率（%）	MIC_{50}（μg/mL）	MIC_{90}（μg/mL）	不同药物浓度（μg/mL）下的菌株数（株）									
				512/102.4	256/51.2	128/51.2	64/12.8	32/6.4	16/3.2	8/1.6	4/0.8	2/0.4	1/0.2
磺胺甲噁唑/甲氧苄啶	100									1			

表 13　葡萄球菌对 6 种水产药物的感受性分布（$n=1$）

供试药物	敏感率（%）	不同药物浓度（μg/mL）下的菌株数（株）										
		≥200	100	50	25	12.5	6.25	3.13	1.56	0.78	0.39	≤0.2
恩诺沙星	0				1							
硫酸新霉素	100											1
甲砜霉素	0							1				
氟苯尼考	0							1				
盐酸多西环素	100											1
氟甲喹	100											1

表 14　葡萄球菌对磺胺间甲氧嘧啶钠的感受性分布（$n=1$）

供试药物	敏感率（%）	MIC_{50}（μg/mL）	MIC_{90}（μg/mL）	不同药物浓度（μg/mL）下的菌株数（株）									
				512	256	128	64	32	16	8	4	2	1
磺胺间甲氧嘧啶钠	0	1		1									

表 15　葡萄球菌对磺胺甲噁唑/甲氧苄啶的感受性分布（$n=1$）

供试药物	敏感率（%）	MIC_{50}（μg/mL）	MIC_{90}（μg/mL）	不同药物浓度（μg/mL）下的菌株数（株）									
				512/102.4	256/51.2	128/51.2	64/12.8	32/6.4	16/3.2	8/1.6	4/0.8	2/0.4	1/0.2
磺胺甲噁唑/甲氧苄啶	100									1			

④菌株耐受性

根据各菌株对药物的感受性结果，以 CLSI 相关标准为判定依据，对分离菌株的耐药性进行统计，详见图 3。经统计，本次分离的菌株具有较高的敏感率，在所有测试药物中 60.53%的菌株对抗生素类药物表现为敏感，14.04%的菌株表现为中介，25.44%的菌株表现为耐药。

测试结果显示分离纯化的菌株对磺胺间甲氧嘧啶钠普遍耐药，气单胞菌对恩诺沙星和氟甲喹敏感率较高，分别为93.75%和93.75%；杆菌对硫酸新霉素敏感率较高为95.45%；弧菌对恩诺沙星和硫酸新霉素敏感率较高，均为100%。

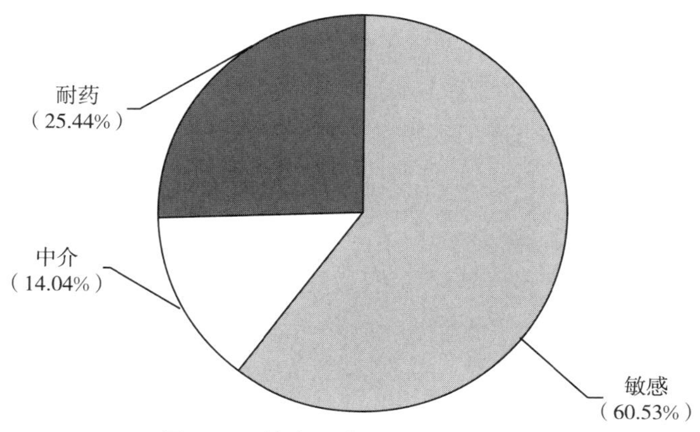

图3　43株病原菌菌株的耐药谱型

总体来看，鱼台县小龙虾分离出的菌落对磺胺间甲氧嘧啶钠耐药率较高，均在50%以上，耐受浓度在128μg/mL以上。气单胞菌、弧菌和杆菌均对恩诺沙星和硫酸新霉素较为敏感（图4）。

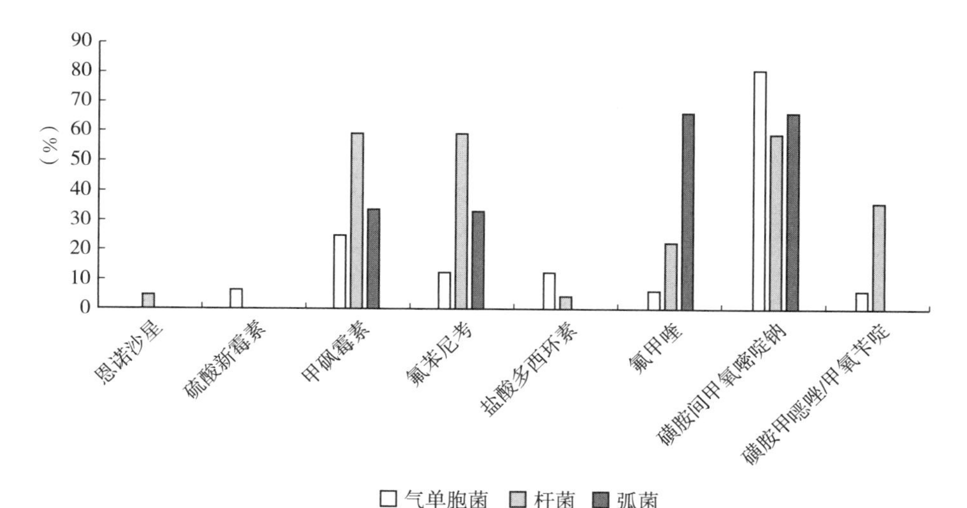

图4　不同病原菌对水产用抗菌药物的耐药性

（2）加州鲈

分离纯化的13株菌对8种水产用抗菌药物的感受性结果见表16至表24。

①病原菌对抗菌药物的感受性

恩诺沙星、硫酸新霉素、甲砜霉素、氟苯尼考、盐酸多西环素对加州鲈病原菌的MIC分别为≤0.2～12.5μg/mL、0.78～6.25μg/mL、6.25～200μg/mL、1.56～200μg/mL、3.13～≥200μg/mL，氟甲喹及磺胺类药物对加州鲈病原菌的MIC为12.5～≥200μg/mL。

恩诺沙星、硫酸新霉素对维氏气单胞菌的 MIC 为 3.13～12.5μg/mL、1.56～3.13μg/mL，甲砜霉素、氟甲喹及磺胺类药物对维氏气单胞菌的 MIC 均≥200μg/mL，氟苯尼考对维氏气单胞菌的 MIC≥100μg/mL，盐酸多西环素对维氏气单胞菌的 MIC≥6.25μg/mL。

恩诺沙星、氟苯尼考、氟甲喹对弧菌属菌株的 MIC 分别为 1.56～3.13μg/mL、1.56～3.13μg/mL、12.5～100μg/mL，硫酸新霉素对弧菌属菌株的 MIC≥3.13μg/mL，甲砜霉素及磺胺类药物对弧菌属菌株的 MIC≥200μg/mL，盐酸多西环素对弧菌属菌株的 MIC 为 3.13～≥200μg/mL。

表 16　病原菌对各抗菌药物的感受性分布（n=13）

药物名称	敏感率（%）	不同药物浓度（μg/mL）下的菌株数（株）										
		≥200	100	50	25	12.5	6.25	3.13	1.56	0.78	0.39	≤0.2
恩诺沙星	92.31					1		6	1		1	4
硫酸新霉素	100						3	7	1	2		
甲砜霉素	7.69	11	1				1					
氟苯尼考	61.54	1	4				2	2	4			
盐酸多西环素	69.23	3				1	5	4				
氟甲喹	61.54	5	4		1	3						

表 17　病原菌对磺胺间甲氧嘧啶钠的感受性分布（n=13）

药物名称	敏感率（%）	不同药物浓度（μg/mL）下的菌株数（株）									
		512	256	128	64	32	16	8	4	2	1
磺胺间甲氧嘧啶钠	15.38	11		1	1						

表 18　病原菌对磺胺甲噁唑/甲氧苄啶的感受性分布（n=13）

药物名称	敏感率（%）	不同药物浓度（μg/mL）下的菌株数（株）									
		512/102.4	256/51.2	128/51.2	64/12.8	32/6.4	16/3.2	8/1.6	4/0.8	2/0.4	1/0.2
磺胺甲噁唑/甲氧苄啶	7.69	10	1	1	1						

表 19　维氏气单胞菌对各抗菌药物的感受性分布（n=4）

药物名称	敏感率（%）	不同药物浓度（μg/mL）下的菌株数（株）										
		≥200	100	50	25	12.5	6.25	3.13	1.56	0.78	0.39	≤0.2
恩诺沙星	75					1		3				
硫酸新霉素	100							1	3			
甲砜霉素	0	4										
氟苯尼考	0		4									
盐酸多西环素	100						4					
氟甲喹	0	4										

表 20　维氏气单胞菌对磺胺间甲氧嘧啶钠的感受性分布（$n=4$）

药物名称	敏感率（%）	不同药物浓度（μg/mL）下的菌株数（株）									
		512	256	128	64	32	16	8	4	2	1
磺胺间甲氧嘧啶钠	0	4									

表 21　维氏气单胞菌对磺胺甲噁唑/甲氧苄啶的感受性分布（$n=4$）

药物名称	敏感率（%）	不同药物浓度（μg/mL）下的菌株数（株）									
		512/102.4	256/51.2	128/51.2	64/12.8	32/6.4	16/3.2	8/1.6	4/0.8	2/0.4	1/0.2
磺胺甲噁唑/甲氧苄啶	0	4									

表 22　弧菌属菌株对各抗菌药物的感受性分布（$n=3$）

药物名称	敏感率（%）	不同药物浓度（μg/mL）下的菌株数（株）										
		≥200	100	50	25	12.5	6.25	3.13	1.56	0.78	0.39	≤0.2
恩诺沙星	100							2	1			
硫酸新霉素	100							3				
甲砜霉素	0	3										
氟苯尼考	100							1	2			
盐酸多西环素	66.7	1						2				
氟甲喹	100		1			2						

表 23　弧菌属菌株对磺胺间甲氧嘧啶钠的感受性分布（$n=3$）

药物名称	敏感率（%）	不同药物浓度（μg/mL）下的菌株数（株）									
		512	256	128	64	32	16	8	4	2	1
磺胺间甲氧嘧啶钠	0	3									

表 24　弧菌属菌株对磺胺甲噁唑/甲氧苄啶的感受性分布（$n=3$）

药物名称	敏感率（%）	不同药物浓度（μg/mL）下的菌株数（株）									
		512/102.4	256/51.2	128/51.2	64/12.8	32/6.4	16/3.2	8/1.6	4/0.8	2/0.4	1/0.2
磺胺甲噁唑/甲氧苄啶	0	3									

②菌株耐受性

根据各菌株对药物的耐受性结果，以 CLSI 相关标准为判定依据，对分离病原菌的耐药性进行统计，详见图 5。耐药率低于 10%的抗菌药物有：恩诺沙星、硫酸新霉素；耐药率 10%～50%的抗菌药物有：氟苯尼考、盐酸多西环素、氟甲喹；磺胺间甲氧嘧啶钠、磺胺甲噁唑/甲氧苄啶、甲砜霉素耐药率均超过 80%；恩诺沙星、盐酸多西环素和硫酸新霉素耐药率低，敏感性较高，生产中使用也较多。

维氏气单胞菌对甲砜霉素、氟苯尼考、氟甲喹、磺胺间甲氧嘧啶钠、磺胺甲噁唑/甲氧苄啶耐药率均为 100%，对恩诺沙星耐药率为 25%，对硫酸新霉素和盐酸多西环素耐药率为 0%，见图 6。

弧菌属致病菌对甲砜霉素、磺胺间甲氧嘧啶钠、磺胺甲噁唑/甲氧苄啶耐药率均为 100%，对盐酸多西环素耐药率为 33.3%，对恩诺沙星、硫酸新霉素和氟苯尼考耐药率为 0%，见图 7。

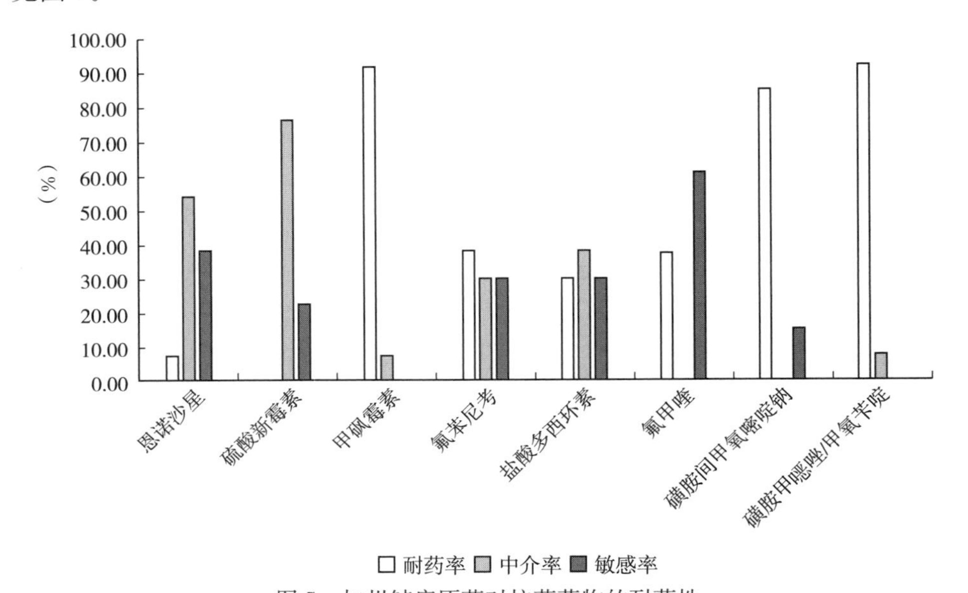

图 5 加州鲈病原菌对抗菌药物的耐药性

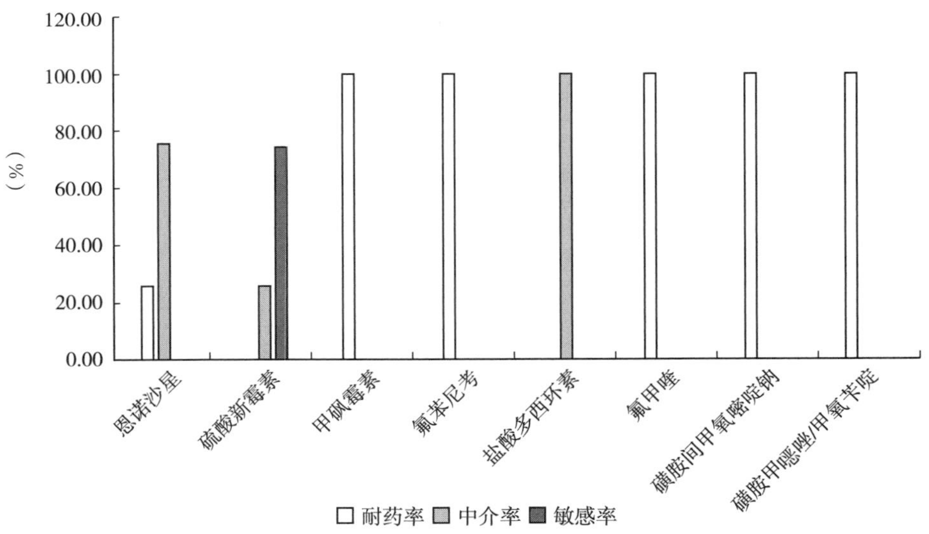

图 6 维氏气单胞菌对抗菌药物的耐药性

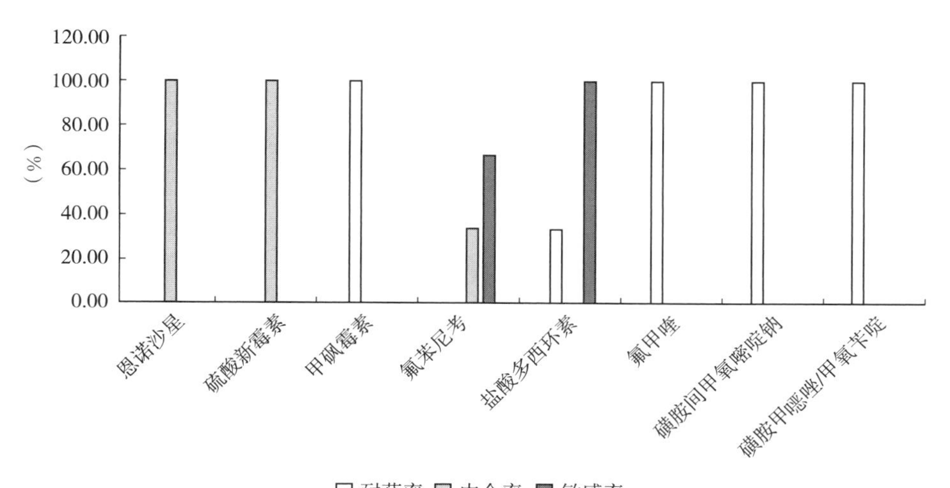

图7 弧菌属对抗菌药物的耐药性

3. 耐药性变化情况

（1）小龙虾

连续2年试验结果，对于小龙虾细菌病的治疗，2020年以恩诺沙星、硫酸新霉素效果较好，2021年分离出的43株病原菌耐药性表现与2020年基本一致。磺胺类药物如磺胺甲噁唑/甲氧苄啶不推荐在生产中使用。

（2）加州鲈

连续3年试验结果，2019年和2020年，分离出的加州鲈病原菌对硫酸新霉素均为敏感或中介，同时部分特定病症的病原菌对盐酸多西环素和恩诺沙星也敏感。2021年，分离出的13株病原菌耐药性表现与2019年和2020年对比变化较小。

三、分析与建议

（1）小龙虾

4—10月，采样单位未发生面积超过养殖面积2%以上的大范围病害，多为小龙虾四肢无力，活动力低下，体色发暗，部分胸甲处有黄白色斑点，解剖后，虾的胃肠道是空的。发病率在1%～2%之间。发现患病个体后立即捞出隔离、无害化处理，定期施用微生态制剂作为预防性用药。全年未发生因病致损的情况。

综合试验结果，该单位分离小龙虾病原菌对恩诺沙星、硫酸新霉素、盐酸多西环素最为敏感，在生产中使用此类药物会有较好的治疗效果，因此，推荐恩诺沙星、硫酸新霉素、盐酸多西环素作为该单位防治小龙虾细菌病的首选药物。除此之外，恩诺沙星对气单胞菌引起的肠炎病可能会有较好的治疗效果，硫酸新霉素对杆菌引起的疾病可能有一定的效果。磺胺间甲氧嘧啶钠等药物不推荐在生产中使用。除了上述药物治疗外，还应注意减少放养密度，适量使用EM菌调节水质环境，及时处理已经死亡的病虾。

（2）加州鲈

5—10月，采样单位未发生面积超过养殖面积2%以上的大范围病害，多为加州鲈体表点状出血、溃疡、肠炎等，解剖后，加州鲈花肝、肠道空。发病率低于1%。发现患病个体后立即捞出隔离，死亡个体无害化处理，定期施用微生态制剂作为预防性用药。全年未发生因病致损的情况。

综合试验结果，该单位分离的加州鲈所有致病菌株对硫酸新霉素均为敏感或中介，该水产用抗菌药可以作为采样点及周边地区常见和新发细菌性疾病的首选备用药物，但硫酸新霉素药饵进入肠道后不吸收，多用于肠道疾病治疗。养殖实践中对由气单胞菌引起的细菌性败血症等疾病可将恩诺沙星或盐酸多西环素作为治疗药物，由弧菌引起的体表溃疡性疾病可将恩诺沙星或氟苯尼考作为治疗药物。

上述数据仅限于山东地区的两个采样点，尽管分离到的菌株有一定的耐药率，但并不能代表山东地区的整体情况，只能用于采样点区域。若要提出更科学的区域通用用药建议，应在广泛采集养殖区域样本，全面了解病原菌耐药现状的基础上提供。

2021年河南省水产养殖动物主要病原菌耐药性状况分析

尚胜男　陈　颖　杨雪冰　李旭东
（河南省水产技术推广站）

为了解掌握水产养殖主要病原菌耐药性情况及变化规律，指导科学使用水产用抗菌药物，提高细菌性病害防控成效，推动渔业绿色高质量发展，河南地区重点从鲤和加州鲈两种主要养殖品种中分离得到维氏气单胞菌等病原菌，并测定其对8种水产用抗菌药物的敏感性，具体结果如下。

一、材料和方法

1. 样品采集

2021年4—10月，分别从河南省郑州市巩义市、洛阳市吉利区、新乡市延津县和开封市龙亭区等养殖池塘，采集鲤和加州鲈样品。每月一次，采集数量为44尾。

2. 病原菌分离筛选

将采集到的个体进行解剖，分别从肝、肾部位分离细菌，采用BHI培养基，28℃培养后进行细菌纯化。

3. 病原菌鉴定及保存

将分离纯化得到的细菌提取核酸后进行测序，通过序列比对进行鉴定；同时用20%的甘油冷冻保存菌种。

二、药敏测试结果

1. 病原菌分离鉴定总体情况

2021年共分离细菌20株，包括7株维氏气单胞菌、4株不动杆菌、3株其他杆菌、5株樊庆生红球菌和1株红串红球菌。

2. 病原菌耐药性分析

（1）气单胞菌对抗菌药物的感受性

7株气单胞菌均为维氏气单胞菌，对各种抗菌药物感受性如表1至表3所示。

表1　气单胞菌对6种水产用抗菌药物的感受性分布（n=7）

供试药物	MIC_{50}（μg/mL）	MIC_{90}（μg/mL）	不同药物浓度（μg/mL）下的菌株数（株）											
			≥200	100	50	25	12.5	6.25	3.13	1.56	0.78	0.39	0.2	≤0.1
恩诺沙星	12.5	12.5			1		3	1		2				
硫酸新霉素	0.78	0.78									6	1		
甲砜霉素	0.2	0.2	1										6	

（续）

供试药物	MIC_{50} (μg/mL)	MIC_{90} (μg/mL)	不同药物浓度（μg/mL）下的菌株数（株）											
			≥200	100	50	25	12.5	6.25	3.13	1.56	0.78	0.39	0.2	≤0.1
氟苯尼考	0.39	0.39				1						6		
盐酸多西环素	0.2	0.78						1			1		2	3
氟甲喹	3.13	6.25						2	2		1			2

表 2　气单胞菌对磺胺间甲氧嘧啶钠的感受性分布（n=7）

供试药物	MIC_{50} (μg/mL)	MIC_{90} (μg/mL)	不同药物浓度（μg/mL）下的菌株数（株）									
			≥512	256	128	64	32	16	8	4	2	≤1
磺胺间甲氧嘧啶钠	2	8	1						1	1	4	1

表 3　气单胞菌对磺胺甲噁唑/甲氧苄啶的感受性分布（n=7）

供试药物	MIC_{50} (μg/mL)	MIC_{90} (μg/mL)	不同药物浓度（μg/mL）下的菌株数（株）									
			≥512/102	256/51.2	128/25.6	64/12.8	32/6.4	16/3.2	8/1.6	4/0.8	2/0.4	≤1/0.2
磺胺甲噁唑/甲氧苄啶	1/0.2	4/0.8		1						1	1	4

（2）杆菌对抗菌药物的感受性

7 株杆菌包括 4 株不动杆菌和 3 株其他杆菌，对各种抗菌药物感受性如表 4 至表 6 所示。

表 4　杆菌对 6 种水产用抗菌药物的感受性分布（n=7）

供试药物	MIC_{50} (μg/mL)	MIC_{90} (μg/mL)	不同药物浓度（μg/mL）下的菌株数（株）											
			≥200	100	50	25	12.5	6.25	3.13	1.56	0.78	0.39	0.2	≤0.1
恩诺沙星	0.2	6.25					1	1	1				4	
硫酸新霉素	0.1	0.78							1		1		1	4
甲砜霉素	6.25	200	2				1	1	2				1	
氟苯尼考	3.13	6.25				1		2	1		3			
盐酸多西环素	0.1	0.1					1							6
氟甲喹	0.1	0.39					1					1		5

表 5　杆菌对磺胺间甲氧嘧啶钠的感受性分布（n=7）

供试药物	MIC_{50} (μg/mL)	MIC_{90} (μg/mL)	不同药物浓度（μg/mL）下的菌株数（株）									
			≥512	256	128	64	32	16	8	4	2	≤1
磺胺间甲氧嘧啶钠	2	32	1				1	1			2	2

表6　杆菌对磺胺甲噁唑/甲氧苄啶的感受性分布（n=7）

供试药物	MIC50（μg/mL）	MIC90（μg/mL）	不同药物浓度（μg/mL）下的菌株数（株）									
			≥512/102	256/51.2	128/25.6	64/12.8	32/6.4	16/3.2	8/1.6	4/0.8	2/0.4	≤1/0.2
磺胺甲噁唑/甲氧苄啶	4/0.8	32/6.4	1				1		1	1		3

（3）红球菌对各种抗菌药物的感受性

6株红球菌对抗菌药物的感受性见表7至表9。

表7　红球菌对6种水产用抗菌药物的感受性分布（n=6）

供试药物	MIC50（μg/mL）	MIC90（μg/mL）	不同药物浓度（μg/mL）下的菌株数（株）											
			≥200	100	50	25	12.5	6.25	3.13	1.56	0.78	0.39	0.2	≤0.1
恩诺沙星	1.56	1.56								4	2			
硫酸新霉素	0.1	0.1						1						5
甲砜霉素	1.56	12.5					2			2		1	1	
氟苯尼考	3.13	6.25				1		1	2		2			
盐酸多西环素	0.1	0.1												6
氟甲喹	0.1	0.1												6

表8　红球菌对磺胺间甲氧嘧啶钠的感受性分布（n=6）

供试药物	MIC50（μg/mL）	MIC90（μg/mL）	不同药物浓度（μg/mL）下的菌株数（株）									
			≥512	256	128	64	32	16	8	4	2	≤1
磺胺间甲氧嘧啶钠	2	2							1		3	2

表9　红球菌对磺胺甲噁唑/甲氧苄啶的感受性分布（n=6）

供试药物	MIC50（μg/mL）	MIC90（μg/mL）	不同药物浓度（μg/mL）下的菌株数（株）									
			≥512/102	256/51.2	128/25.6	64/12.8	32/6.4	16/3.2	8/1.6	4/0.8	2/0.4	≤1/0.2
磺胺甲噁唑/甲氧苄啶	1/0.2	8/1.6					1		2			3

3. 耐药性变化情况

针对抗菌药物对气单胞菌的MIC，与2020年进行比较分析，结果如图1和图2所示。

恩诺沙星对气单胞菌的MIC_{50}有小幅上升。除恩诺沙星外的其他7种抗菌药物对气单胞菌的MIC_{50}均有下降，其中磺胺间甲氧嘧啶钠和磺胺甲噁唑/甲氧苄啶对气单胞菌的MIC_{50}有大幅下降。恩诺沙星对气单胞菌的MIC_{90}不变，硫酸新霉素和盐酸多西环素对气单胞菌的MIC_{90}均有所下降，其他5种抗菌药物对气单胞菌的MIC_{90}则大幅降低。

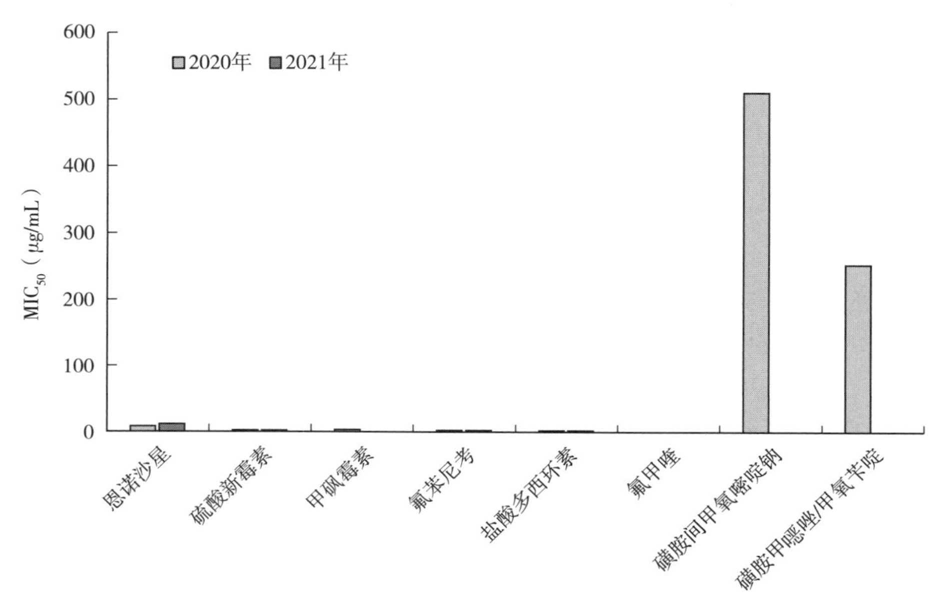

图 1　2020—2021 年抗菌药物对病原菌的 MIC_{50} 变化

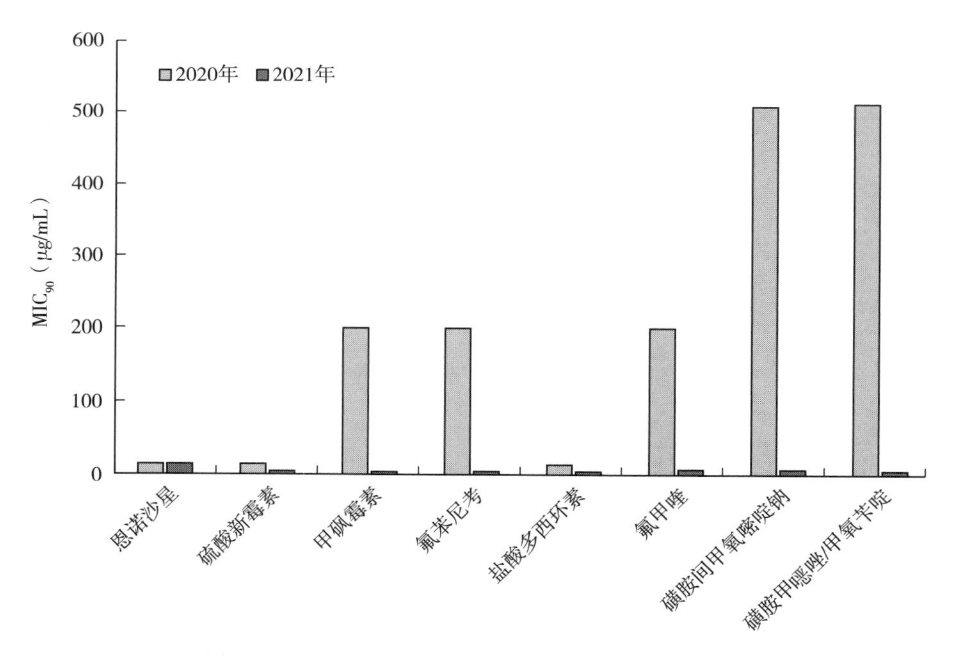

图 2　2020—2021 年抗菌药物对病原菌的 MIC_{90} 变化

三、分析与建议

针对本次分离到的 7 株气单胞菌，硫酸新霉素、甲砜霉素、氟苯尼考和盐酸多西环素对其 MIC_{50} 为 0.2～0.78μg/mL，在所测试的抗菌药物中，为最敏感的药物；其次是磺胺甲嗯唑/甲氧苄啶、磺胺间甲氧嘧啶钠和氟甲喹，对气单胞菌的 MIC_{50} 为 1～3.13μg/mL；恩诺沙星对气单胞菌的 MIC_{50}≥12.5μg/mL，为最不敏感性药物。

目前的检测结果表明，养殖户在选择用药时，硫酸新霉素、甲砜霉素、盐酸多西环素和氟苯尼考等为首选抗菌药物；磺胺甲嗯唑/甲氧苄啶、磺胺间甲氧嘧啶钠和氟甲喹也可作为不错的选择；对恩诺沙星应减少使用，或改用其他抗菌药物。此外，在养殖过程中，应避免长时间持续使用一种或几种抗菌药物，以减少耐药菌的产生。

细菌对水产用抗菌药物的感受性会根据时间、环境条件、药物使用的具体情况等外在因素产生相应的变化，为了能够做到科学、精准用药，需要对其进行长期的动态监控，以确定最佳的治疗药物及用量。

根据2021年度病原菌耐药性监测的结果，可在今后的监测工作中扩大监测品种和区域，以利于更全面地反映河南省水产养殖病原菌耐药性状况。同时，可在监测中使用标准菌株作为质控对照，增加试验准确性和可靠性。

2021年湖北省水产养殖动物主要病原菌耐药性状况分析

卢伶俐　韩育章　许钦涵　温周瑞
（湖北省水产科学研究所）

为了解和掌握水产养殖主要病原菌耐药性情况及变化规律，指导渔民科学使用水产用抗菌药物，提高细菌性疾病防控成效，推动渔业绿色生态发展。湖北地区重点从鲫中分离到维氏气单胞菌、嗜水气单胞菌等病原菌，并测定其对8种水产用抗菌药物的敏感性，具体结果如下。

一、材料和方法

1. 样品采集

2021年4—10月，每月中下旬分别从武汉市黄陂区湖北正隆水产种业有限公司和湖北省黄冈市水产科学研究所异育银鲫基地分别采集鲫样本12～20尾，样品采集方法为随机捕捞后用原池水装入高压聚乙烯袋，充氧后立即送回实验室。

2. 病原菌分离筛选

样本鲫用75%酒精棉球擦洗体表，无菌条件下打开腹腔。迅速用接种环取肝、脾、肾等组织后，在脑心浸液琼脂（BHIA）培养基上划线分离病原菌，28℃培养24h，选取单个优势菌落纯化备用。

3. 病原菌鉴定和保存

纯化后的菌株由武汉转导生物实验室有限公司分析鉴定。菌株保存采用BHIA肉汤在适宜温度下增殖16～24h后，分装于2mL无菌离心管中，加入无菌甘油，使甘油浓度达到30%，冻存于－80℃。

二、药敏测试结果

1. 病原菌分离鉴定总体情况

分离并纯化得到菌株169株，其中，维氏气单胞菌111株、嗜水气单胞菌27株、豚鼠气单胞菌2株、类志贺邻单胞菌2株、希瓦氏菌6株、链球菌5株、不动杆菌3株、乳酸乳球菌3株、溶血不动杆菌2株、气单胞菌2株、简氏气单胞菌1株、其他不常见水产致病菌或非水产致病菌5株。

2. 主要病原菌耐药性分析

（1）气单胞菌耐药性总体情况

从鉴定结果中随机选取32株气单胞菌（维氏气单胞菌22株、嗜水气单胞菌10株），进行药敏感受性测定，结果见表1至表6和图1。

表1　气单胞菌对恩诺沙星的感受性分布（$n=32$）

供试药物	MIC_{50}（μg/mL）	MIC_{90}（μg/mL）	不同药物浓度（μg/mL）下的菌株数（株）											
			16	8	4	2	1	0.5	0.25	0.125	0.06	0.03	0.015	≤0.008
恩诺沙星	0.09	0.73				1	2	6	10	6		1	1	5

表2　气单胞菌对硫酸新霉素、氟甲喹的感受性分布（$n=32$）

供试药物	MIC_{50}（μg/mL）	MIC_{90}（μg/mL）	不同药物浓度（μg/mL）下的菌株数（株）											
			256	128	64	32	16	8	45	2	1	0.5	0.25	≤0.125
硫酸新霉素	1.33	4.45				1		1	5	16	6	2		1
氟甲喹	0.05	3.24					3	3			1	2	1	22

表3　气单胞菌对甲砜霉素、氟苯尼考的感受性分布（$n=32$）

供试药物	MIC_{50}（μg/mL）	MIC_{90}（μg/mL）	不同药物浓度（μg/mL）下的菌株数（株）											
			512	256	128	64	32	16	8	4	2	1	0.5	≤0.25
甲砜霉素	1.35	7.95			1			3	1	2	12	5	8	
氟苯尼考	1.28	3.41					1		1	1	15	14		

表4　气单胞菌对盐酸多西环素的感受性分布（$n=32$）

供试药物	MIC_{50}（μg/mL）	MIC_{90}（μg/mL）	不同药物浓度（μg/mL）下的菌株数（株）											
			128	64	32	16	8	4	2	1	0.5	0.25	0.125	≤0.06
盐酸多西环素	0.05	3.39						1	1			6	9	15

表5　气单胞菌对磺胺间甲氧嘧啶钠的感受性分布（$n=32$）

供试药物	MIC_{50}（μg/mL）	MIC_{90}（μg/mL）	不同药物浓度（μg/mL）下的菌株数（株）									
			1 024	512	256	128	64	32	16	8	4	≤2
磺胺间甲氧嘧啶钠	22.67	79.47		1	1	2	3	15	6	3	1	

表6　气单胞菌对磺胺甲噁唑/甲氧苄啶的感受性分布（$n=32$）

供试药物	MIC_{50}（μg/mL）	MIC_{90}（μg/mL）	不同药物浓度（μg/mL）下的菌株数（株）									
			608/32	304/16	152/8	76/4	38/2	19/1	9.5/0.5	4.8/0.25	2.4/0.12	≤1.2/0.06
磺胺甲噁唑/甲氧苄啶	19.79/1.04	77.55/4.09	1		2	3	11	8	3	4		

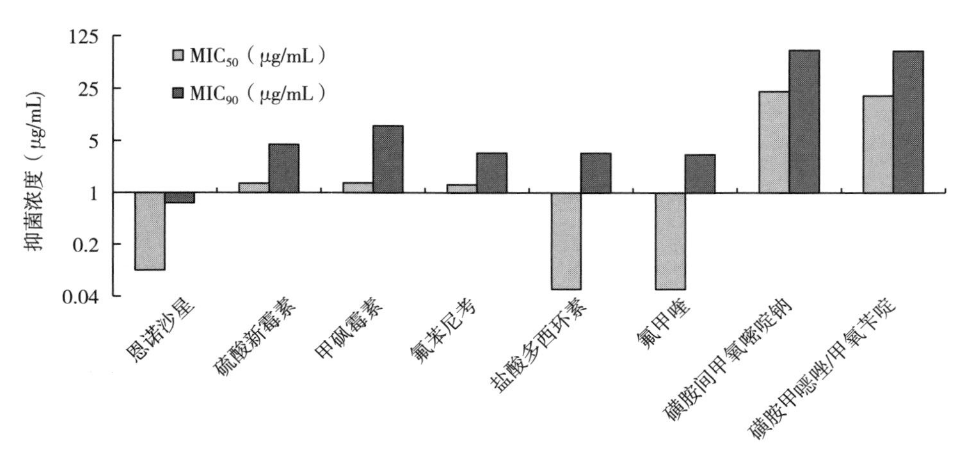

图 1　湖北地区气单胞菌耐药性情况

（2）2 种不同气单胞菌对水产用抗菌药物的感受性

①22 株维氏气单胞菌对各种水产用抗菌药物的感受性测定结果见表 7 至表 12。

表 7　维氏气单胞菌对恩诺沙星的感受性分布（$n=22$）

供试药物	MIC_{50} (μg/mL)	MIC_{90} (μg/mL)	不同药物浓度（μg/mL）下的菌株数（株）											
			16	8	4	2	1	0.5	0.25	0.125	0.06	0.03	0.015	≤0.008
恩诺沙星	0.07	0.57					2	2	8	4		1	1	4

表 8　维氏气单胞菌对硫酸新霉素、氟甲喹的感受性分布（$n=22$）

供试药物	MIC_{50} (μg/mL)	MIC_{90} (μg/mL)	不同药物浓度（μg/mL）下的菌株数（株）											
			256	128	64	32	16	8	45	2	1	0.5	0.25	≤0.125
硫酸新霉素	1.64	5.87				1		1	4	14	1			1
氟甲喹	0.02	1.92					2	1			1	1		17

表 9　维氏气单胞菌对甲砜霉素、氟苯尼考的感受性分布（$n=22$）

供试药物	MIC_{50} (μg/mL)	MIC_{90} (μg/mL)	不同药物浓度（μg/mL）下的菌株数（株）											
			512	256	128	64	32	16	8	4	2	1	0.5	≤0.25
甲砜霉素	1.08	9.18			1			2	1	1	4	5	8	
氟苯尼考	1.17	3.69				1		1		6	14			

表 10　维氏气单胞菌对盐酸多西环素的感受性分布（$n=22$）

供试药物	MIC_{50} (μg/mL)	MIC_{90} (μg/mL)	不同药物浓度（μg/mL）下的菌株数（株）											
			128	64	32	16	8	4	2	1	0.5	0.25	0.125	≤0.06
盐酸多西环素	0.04	0.27							1			4	5	12

表 11　维氏气单胞菌对磺胺间甲氧嘧啶钠的感受性分布（n=22）

供试药物	MIC$_{50}$（μg/mL）	MIC$_{90}$（μg/mL）	不同药物浓度（μg/mL）下的菌株数（株）									
			1 024	512	256	128	64	32	16	8	4	≤2
磺胺间甲氧嘧啶钠	18.39	49.05			1	3	12	2	3	1		

表 12　维氏气单胞菌对磺胺甲噁唑/甲氧苄啶的感受性分布（n=22）

供试药物	MIC$_{50}$（μg/mL）	MIC$_{90}$（μg/mL）	不同药物浓度（μg/mL）下的菌株数（株）									
			608/32	304/16	152/8	76/4	38/2	19/1	9.5/0.5	4.8/0.25	2.4/0.12	≤1.2/0.06
磺胺甲噁唑/甲氧苄啶	17.73/0.93	65.12/3.44			2	3	7	4	2	4		

②10 株嗜水气单胞菌对各种水产用抗菌药物的感受性测定结果见表 13 至表 18。

表 13　嗜水气单胞菌对恩诺沙星的感受性分布（n=10）

供试药物	MIC$_{50}$（μg/mL）	MIC$_{90}$（μg/mL）	不同药物浓度（μg/mL）下的菌株数（株）											
			16	8	4	2	1	0.5	0.25	0.125	0.06	0.03	0.015	≤0.008
恩诺沙星	0.17	1.06				1		4	2	2				1

表 14　嗜水气单胞菌对硫酸新霉素、氟甲喹的感受性分布（n=10）

供试药物	MIC$_{50}$（μg/mL）	MIC$_{90}$（μg/mL）	不同药物浓度（μg/mL）下的菌株数（株）											
			256	128	64	32	16	8	45	2	1	0.5	0.25	≤0.125
硫酸新霉素	0.82	1.70							1	2	5	2		
氟甲喹	0.19	6.61					1	2				1	1	5

表 15　嗜水气单胞菌对甲砜霉素、氟苯尼考的感受性分布（n=10）

供试药物	MIC$_{50}$（μg/mL）	MIC$_{90}$（μg/mL）	不同药物浓度（μg/mL）下的菌株数（株）											
			512	256	128	64	32	16	8	4	2	1	0.5	≤0.25
甲砜霉素	1.97	4.50						1		1	8			
氟苯尼考	1.55	2.70								1	9			

表 16　嗜水气单胞菌对盐酸多西环素的感受性分布（n=10）

供试药物	MIC$_{50}$（μg/mL）	MIC$_{90}$（μg/mL）	不同药物浓度（μg/mL）下的菌株数（株）											
			128	64	32	16	8	4	2	1	0.5	0.25	0.125	≤0.06
盐酸多西环素	0.07	0.69						1				2	4	3

表 17 嗜水气单胞菌对磺胺间甲氧嘧啶钠的感受性分布（$n=10$）

供试药物	MIC_{50}（μg/mL）	MIC_{90}（μg/mL）	不同药物浓度（μg/mL）下的菌株数（株）									
			1 024	512	256	128	64	32	16	8	4	≤2
磺胺间甲氧嘧啶钠	33.42	151.07		1	1	1		3	4			

表 18 嗜水气单胞菌对磺胺甲噁唑/甲氧苄啶的感受性分布（$n=10$）

供试药物	MIC_{50}（μg/mL）	MIC_{90}（μg/mL）	不同药物浓度（μg/mL）下的菌株数（株）									
			608/32	304/16	152/8	76/4	38/2	19/1	9.5/0.5	4.8/0.25	2.4/0.12	≤1.2/0.06
磺胺甲噁唑/甲氧苄啶	25.12/1.32	103.22/5.44	1			4	4	1				

（2）2 种不同气单胞菌对抗菌药物敏感性比较

监测的抗菌药物主要为农业农村部批准的恩诺沙星、氟苯尼考、多西环素、甲砜霉素、硫酸新霉素、磺胺间甲氧嘧啶钠等。药物敏感性判断标准参考美国临床实验室标准研究所（CLSI）、欧洲药敏试验委员会（EUCAST）设置的判断标准，对抗菌药物的耐药性判定参考值见表 19。

表 19 各类抗菌药物的耐药性判定参考标准

药物名称	耐药性判定参考值（μg/mL）			参考标准
	耐药折点	中介折点	敏感折点	
恩诺沙星	≥4	1～2	≤0.5	CLSI VET 04A
氟苯尼考	≥8	4	≤2	CLSI VETO1 - A4
多西环素	≥16	8	≤4	CLSI M100 - S29
	≥2*	—	≤1*	EUCAST
磺胺间甲氧嘧啶钠	≥512	—	≤256	CLSI M45 - A2
硫酸新霉素	—	—	—	无
甲砜霉素	—	—	—	无

注：* 只适用于链球菌；“—”表示无折点。

对随机取的 22 株维氏气单胞菌、10 株嗜水气单胞菌进行药敏测试。按菌株种类统计其对水产用抗菌药物的敏感率、药物对菌株的 MIC_{50} 和 MIC_{90}，结果见表 20、图 2、图 3。

表 20 不同种类病原菌对 8 种抗菌药物的敏感率及药物对菌株的 MIC_{90}

药物名称	MIC_{90}（μg/mL）		敏感率（%）	
	维氏气单胞菌	嗜水气单胞菌	维氏气单胞菌	嗜水气单胞菌
恩诺沙星	0.57	1.06	90.91	90.0
硫酸新霉素	5.87	1.70	—	—

（续）

药物名称	MIC90（μg/mL）		敏感率（%）	
	维氏气单胞菌	嗜水气单胞菌	维氏气单胞菌	嗜水气单胞菌
甲砜霉素	9.18	4.50	—	—
氟苯尼考	3.69	2.70	63.64	90.0
盐酸多西环素	0.27	0.69	100	100
氟甲喹	1.92	6.61	—	—
磺胺间甲氧嘧啶钠	49.05	151.07	100	90
磺胺甲噁唑/甲氧苄啶	65.12/3.44	103.22/5.44	—	—

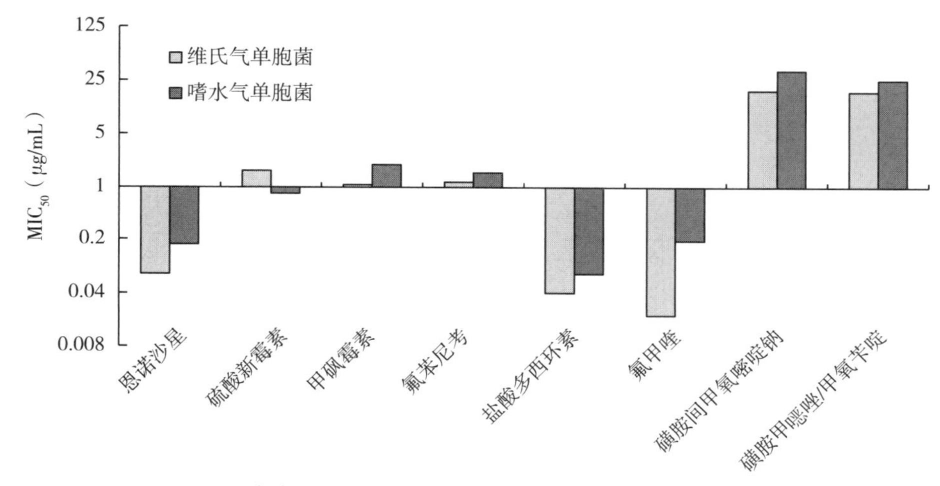

图2　水产用抗菌药物对2种不同气单胞菌的 MIC_{50} 比较

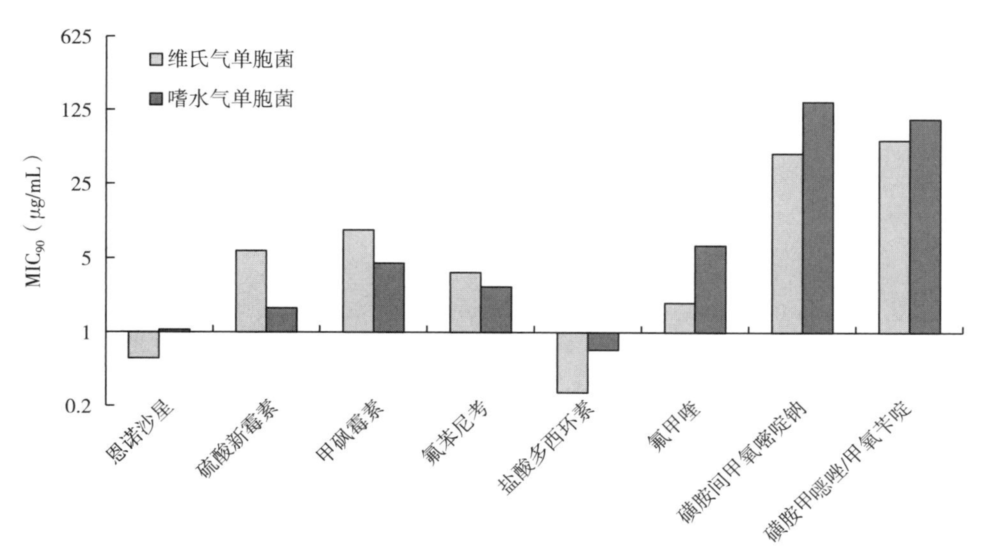

图3　水产用抗菌药物对2种不同气单胞菌的 MIC_{90} 比较

从表 20、图 2、图 3 上可以看出，恩诺沙星、盐酸多西环素、氟甲喹、磺胺间甲氧嘧啶钠、磺胺甲噁唑/甲氧苄啶对维氏气单胞菌的 MIC_{90} 低于嗜水气单胞菌的；硫酸新霉素、甲砜霉素、氟苯尼考对维氏气单胞菌的 MIC_{90} 高于嗜水气单胞菌的。

3. 病原菌耐药性的年度变化情况

比较水产用抗菌药物对 2020 年、2021 年湖北两地鲫病原菌的 MIC_{90}（图 4），结果发现，除盐酸多西环素外，2021 年病原菌对抗菌药物敏感性明显高于 2020 年。可能是两地根据耐药性监测结果采取了轮换用药的治疗方案，致使一些水产养殖动物病原菌对大部分抗菌药物的敏感性有所增强。

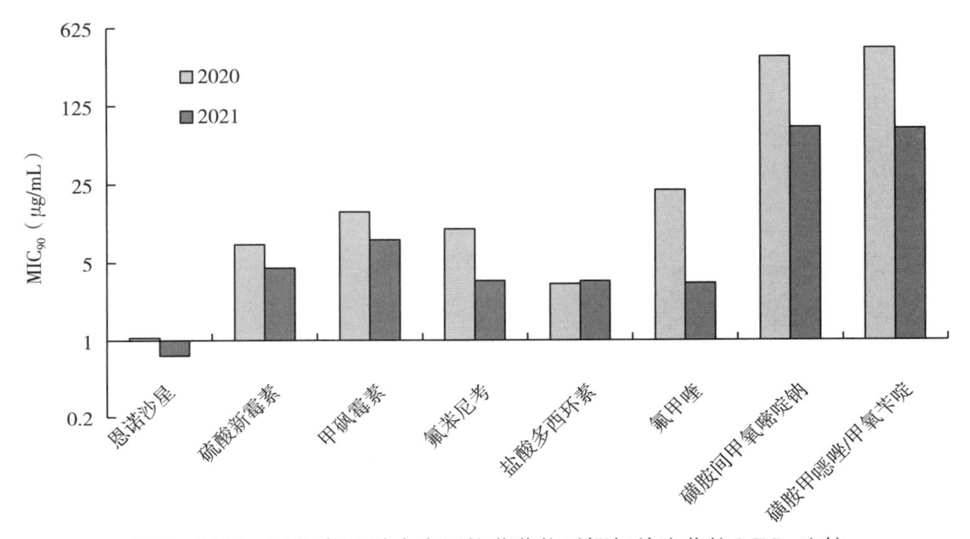

图 4　2020—2021 年 8 种水产用抗菌药物对鲫气单胞菌的 MIC_{90} 比较

三、分析与建议

1. 结果分析

湖北两个地区分离出的气单胞菌对恩诺沙星、硫酸新霉素、甲砜霉素、氟苯尼考、盐酸多西环素、氟甲喹均较敏感；与 2020 年相比，2021 年的耐药率呈下降趋势。这与两地加强养殖生产管理，通过采取各种预防措施减少疾病的发生，减少药物使用；通过药敏试验，做到对症下药和提高药物的使用效率有关。

2. 建议

针对上述两个地区发生的由气单胞菌引起的水生动物细菌性疾病，建议选用恩诺沙星、硫酸新霉素、甲砜霉素、氟苯尼考、盐酸多西环素、氟甲喹，这 6 种抗菌药物的 MIC_{90} 都小于 10μg/mL，属于经济且有效性强的药物。

病原菌对水产用抗菌药物的感受性会根据养殖环境、气候条件、药物使用等外在因素发生变化，因此加强养殖生产管理，时时动态监测病原菌对水产用抗菌药物的感受性才能做到精准用药、科学用药，最终有效减少养殖生产中抗生素的使用。

2021年广东省水产养殖动物主要病原菌耐药性状况分析

唐　姝　林华剑　孙彦伟　张　志　袁东辉
（广东省动物疫病预防控制中心）

为指导生产一线科学选择和使用水产用抗菌药物，提高防控细菌性病害成效，降低药物用量，2021年8—9月，广东省从不同养殖场的水产养殖动物体内分离气单胞菌及链球菌菌株共计64株，测定了其对水产用抗菌药物的敏感性，具体结果如下。

一、材料与方法

1. 样品采集

2021年8—9月，从广东省江门、珠海、佛山、惠州的养殖场采集罗非鱼、加州鲈、黄颡鱼、尖塘鳢和乌鳢，用于病原菌的分离。

2. 病原菌分离筛选

将样品解剖后，取肝脏、脾脏、肾脏及脑进行平板划线，28℃培养24～48h，挑取优势菌落，进行细菌纯化培养。

3. 病原菌鉴定及保存

将纯化后的细菌，用水煮法提取核酸，使用细菌通用引物27F-1492R扩增细菌16S rRNA的基因，测序比对，确定其分类。纯化后的细菌用25%甘油保种，存放于－80℃冰箱。

二、药敏测试结果

1. 病原菌分离鉴定总体情况

总共分离纯化出113株病原菌，经测序鉴定后，选取了32株气单胞菌和32株链球菌进行药敏试验。

2. 病原菌耐药性分析

（1）气单胞菌对抗菌药物的耐药性

32株气单胞菌包括24株舒伯特气单胞菌和8株维氏气单胞菌。气单胞菌是引起水产养殖动物细菌性败血症等疾病的致病细菌。32株气单胞菌对各种抗菌药物的耐药性测定结果如表1至表3所示。

表1　气单胞菌对6种抗菌药物的感受性（$n=32$）

供试药物	MIC_{50}（μg/mL）	MIC_{90}（μg/mL）	不同药物浓度（μg/mL）下的菌株数（株）											
			≥200	100	50	25	12.5	6.25	3.13	1.56	0.78	0.39	0.2	≤0.1
恩诺沙星	0.39	6.25					1	3	2	2	8	8	6	2
硫酸新霉素	1.56	12.5					4		6	11	1	10		

（续）

供试药物	MIC50（μg/mL）	MIC90（μg/mL）	不同药物浓度（μg/mL）下的菌株数（株）											
			≥200	100	50	25	12.5	6.25	3.13	1.56	0.78	0.39	0.2	≤0.1
甲砜霉素	≥200	≥200	28								4			
氟苯尼考	50	100	2	7	17	2				2	2			
盐酸多西环素	25	50		2	10	9	5	4						2
氟甲喹	0.78	3.13					1	1	2	10	10	4		4

表 2 气单胞菌对磺胺间甲氧嘧啶钠的感受性（n=32）

供试药物	MIC50（μg/mL）	MIC90（μg/mL）	不同药物浓度（μg/mL）下的菌株数（株）									
			≥512	256	128	64	32	16	8	4	2	≤1
磺胺间甲氧嘧啶钠	≥512	≥512	30				2					

表 3 气单胞菌对磺胺甲噁唑/甲氧苄啶的感受性（n=32）

供试药物	MIC50（μg/mL）	MIC90（μg/mL）	不同药物浓度（μg/mL）下的菌株数（株）									
			≥512/102.4	256/51.2	128/25.6	64/12.8	32/6.4	16/3.2	8/1.6	4/0.8	2/0.4	≤1/0.2
磺胺甲噁唑/甲氧苄啶	≥512/102.4	≥512/102.4	30					2				

（2）链球菌对各种抗菌药物的耐药性

32 株链球菌包括 12 株海豚链球菌和 20 株无乳链球菌。链球菌是引起水产养殖动物特别是罗非鱼等细菌性疾病的重要病原菌。32 株链球菌对各种抗菌药物的耐药性测定结果如表 4 至表 6 所示。

表 4 链球菌对 6 种抗菌药物的感受性（n=32）

供试药物	MIC50（μg/mL）	MIC90（μg/mL）	不同药物浓度（μg/mL）下的菌株数（株）											
			≥200	100	50	25	12.5	6.25	3.13	1.56	0.78	0.39	0.2	≤0.1
恩诺沙星	0.1	0.2					2					2	15	13
硫酸新霉素	1.56	12.5					18			5	5	4		
甲砜霉素	1.56	1.56							3	29				
氟苯尼考	3.13	3.13					2		23	7				
盐酸多西环素	0.1	0.1						2					1	29
氟甲喹	6.25	12.5					18	8		1	5			

表 5 链球菌对磺胺间甲氧嘧啶钠的感受性（n=32）

供试药物	MIC50（μg/mL）	MIC90（μg/mL）	不同药物浓度（μg/mL）下的菌株数（株）									
			≥512	256	128	64	32	16	8	4	2	≤1
磺胺间甲氧嘧啶钠	1.56	3.13					6	14	1	11		

表6　链球菌对磺胺甲噁唑/甲氧苄啶的感受性（$n=32$）

供试药物	MIC_{50} (μg/mL)	MIC_{90} (μg/mL)	不同药物浓度（μg/mL）下的菌株数（株）									
			≥512/102.4	256/51.2	128/25.6	64/12.8	32/6.4	16/3.2	8/1.6	4/0.8	2/0.4	≤1/0.2
磺胺甲噁唑/甲氧苄啶	0.78	1.56					4	12	5	11		

（3）不同地区病原菌对抗菌药物的耐药性

比较8种抗菌药物对佛山、江门、珠海与惠州4个地区养殖场分离的链球菌以及对佛山和江门2个地区养殖场分离的气单胞菌的MIC_{90}（表7）发现，硫酸新霉素、甲砜霉素、氟苯尼考、盐酸多西环素、氟甲喹这5种抗菌药物对佛山、江门、珠海与惠州4个地区的链球菌的MIC_{90}相同；恩诺沙星对江门、珠海和惠州3个地区的链球菌的MIC_{90}相同，小于佛山地区的；磺胺间甲氧嘧啶钠对江门与珠海地区的链球菌的MIC_{90}相同，大于佛山与惠州的。8种抗菌药物对佛山地区分离的气单胞菌的MIC_{90}均大于江门的。

表7　8种药物对不同养殖地区分离的链球菌和气单胞菌的MIC_{90}（μg/mL）

供试药物	链球菌				气单胞菌	
	佛山	江门	珠海	惠州	佛山	江门
恩诺沙星	0.39	0.2	0.2	0.2	6.25	0.2
硫酸新霉素	12.5	12.5	12.5	12.5	3.13	0.39
甲砜霉素	1.56	1.56	1.56	1.56	≥200	0.78
氟苯尼考	3.13	3.13	3.13	3.13	50	0.78
盐酸多西环素	0.1	0.1	0.1	0.1	50	0.1
氟甲喹	12.5	12.5	12.5	12.5	3.13	0.1
磺胺间甲氧嘧啶钠	4	8	8	4	≥512	32
磺胺甲噁唑/甲氧苄啶	4/0.8	8/1.6	4/0.8	4/0.8	≥512/102.4	16/3.2

（4）不同时间分离的病原菌对抗菌药物的耐药性

8种抗菌药物对不同时间分离出来的链球菌和气单胞菌的MIC_{90}如表8所示。由表8可知，除了磺胺间甲氧嘧啶钠和磺胺甲噁唑/甲氧苄啶外，其他6种抗菌药物对9月分离出来的链球菌的MIC_{90}与8月基本相同。除恩诺沙星和硫酸新霉素外，其他6种抗菌药物对9月分离出来的气单胞菌的MIC_{90}均等于或小于8月。

表8　8种药物对不同月份分离的链球菌和气单胞菌的MIC_{90}（μg/mL）

供试药物	链球菌		气单胞菌	
	8月	9月	8月	9月
恩诺沙星	0.39	0.2	1.56	12.5
硫酸新霉素	12.5	12.5	12.5	3.13
甲砜霉素	1.56	1.56	≥200	≥200

（续）

供试药物	链球菌		气单胞菌	
	8月	9月	8月	9月
氟苯尼考	3.13	3.13	100	100
盐酸多西环素	0.1	0.1	50	50
氟甲喹	12.5	12.5	1.56	0.78
磺胺间甲氧嘧啶钠	4	8	≥512	≥512
磺胺甲噁唑/甲氧苄啶	4/0.8	8/1.6	≥512/102.4	≥512/102.4

3. 耐药性变化情况

2019—2021年链球菌与气单胞菌对8种抗菌药物的耐药性有一定的变化（表9）。链球菌对硫酸新霉素、氟苯尼考的 MIC_{90} 呈现升高趋势，对甲砜霉素、盐酸多西环素的 MIC_{90} 呈现下降趋势。气单胞菌对甲砜霉素、盐酸多西环素、磺胺间甲氧嘧啶钠和磺胺甲噁唑/甲氧苄啶的 MIC_{90} 明显升高，呈现了不敏感状态。

表9 不同年份8种抗菌药物对链球菌与气单胞菌的 MIC_{90}（μg/mL）

药物名称	链球菌			气单胞菌		
	2019年	2020年	2021年	2019年	2020年	2021年
恩诺沙星	6.25	0.1	0.2	12.5	0.1	1.56
硫酸新霉素	1.56	3.13	12.5	25	1.56	3.13
甲砜霉素	3.13	1.56	1.56	25	25	≥200
氟苯尼考	0.2	1.56	3.13	6.25	3.13	100
盐酸多西环素	1.56	0.1	0.1	0.78	3.13	50
氟甲喹	25	6.25	12.5	0.2	25	3.13
磺胺间甲氧嘧啶钠	256	1	8	2	≥512	≥512
磺胺甲噁唑/甲氧苄啶	128/25.6	1/0.2	4/0.8	128/25.6	≥512/102.4	≥512/102.4

三、分析与建议

1. 关于水产养殖动物分离菌药物耐药性

不同抗生素的药敏试验的敏感性结果判定标准有所不同，参照NCCLS的标准和CLSI标准，对药物的敏感性及耐药性判定范围划分如下：恩诺沙星、氟甲喹、盐酸多西环素（S敏感：MIC≤2μg/mL，I中介：MIC=4μg/mL，R耐药：MIC≥8μg/mL）；氟苯尼考、甲砜霉素、硫酸新霉素（S敏感：MIC≤4μg/mL，I中介：MIC=8μg/mL，R耐药：MIC≥16μg/mL）；磺胺类药物（S敏感：MIC≤32μg/mL，I中介：MIC=80μg/mL，R耐药：MIC≥128μg/mL）；磺胺甲噁唑/甲氧苄啶（S敏感：MIC≤38/2μg/mL，I中介：MIC=76/4μg/mL，R耐药：MIC≥152/8μg/mL）。依据这一划分范围，将所有抗菌药物对各表中菌株的MIC测定结果进行判定，得出了所有菌株对各抗菌药物的感受性结果，如表 10、表 11 所示。

表 10　气单胞菌对抗菌药物耐药性测定结果（$n=32$）

抗菌药物	敏感株	中介株	耐药株
恩诺沙星	26（81.25%）	5（15.63%）	1（3.13%）
硫酸新霉素	28（87.5%）	4（12.5%）	
甲砜霉素	4（12.5%）		28（87.5%）
氟苯尼考	4（12.5%）		28（87.5%）
盐酸多西环素	2（6.25%）	4（12.5%）	26（81.25%）
氟甲喹	2（6.25%）	4（12.5%）	26（81.25%）
磺胺间甲氧嘧啶钠	2（6.25%）		30（93.75%）
磺胺甲噁唑/甲氧苄啶	2（6.25%）		30（93.75%）

注：表中括号前为菌株数，括号内数字为百分比。

表 11　链球菌对抗菌药物耐药性测定结果（$n=32$）

抗菌药物	敏感株	中介株	耐药株
恩诺沙星	30（93.75%）		2（6.25%）
硫酸新霉素	14（43.75%）	18（56.25%）	
甲砜霉素	32（100%）		
氟苯尼考	30（93.75%）	2（6.25%）	
盐酸多西环素	6（18.75%）	8（25%）	18（56.25%）
氟甲喹	6（18.75%）	8（25%）	18（56.25%）
磺胺间甲氧嘧啶钠	32（100%）		
磺胺甲噁唑/甲氧苄啶	32（100%）		

注：表中括号前为菌株数，括号内数字为百分比。

2. 关于目前选择用药的建议

从目前的结果看，2021 年从广东省 2 个地区分离的 32 株气单胞菌对 8 种抗菌药物的耐药性，除了对恩诺沙星与硫酸新霉素敏感（敏感菌株超过了 80%）外，对其余 6 种抗菌药物均不敏感（耐药菌株超过了 78%）。建议养殖户可以选择恩诺沙星、硫酸新霉素这 2 种抗菌药物对气单胞菌引起的细菌性疾病进行治疗。

2021 年从广东省 4 个地区分离的 32 株链球菌，对盐酸多西环素、氟甲喹不敏感（耐药菌株数超过了 56%），对恩诺沙星、甲砜霉素、氟苯尼考、磺胺间甲氧嘧啶钠和磺胺甲噁唑/甲氧苄啶敏感（敏感菌株数超过 90%）。建议养殖户可以选择这 5 种药物，结合使用，对链球菌细菌性疾病进行治疗。

与 2020 年相比，2021 年的气单胞菌对氟苯尼考由敏感变成了耐药，链球菌对盐酸多西环素由敏感变成了耐药，可能是由于大量使用氟苯尼考与盐酸多西环素而导致耐药菌株的出现。今后在使用抗菌药物的时候，应该注意用量，多种抗菌药物交替使用。

2021年广西壮族自治区水产养殖动物主要病原菌耐药性状况分析

韩书煜[1]　胡大胜[1]　梁静真[2]　易　弋[3]　施金谷[1]　乃华革[1]
（1. 广西壮族自治区水产技术推广站　2. 广西大学　3. 广西科技大学）

为了解掌握水产养殖主要病原菌耐药性情况及变化规律，指导科学使用水产用抗菌药物，提高细菌性病害防控成效，推动渔业绿色高质量发展，2021年，广西重点从罗非鱼中分离得到无乳链球菌，并测定其对8种水产用抗菌药物的敏感性，具体结果如下。

一、材料和方法

1. 样品采集

4—10月根据养殖水体的温度和水产养殖动物的发病情况，及时到现场采集患病鱼，现场解剖鱼体，取脑、肝、脾、心、肾等组织在血平板进行划线分离。

2. 病原菌分离筛选

2021年，从广西玉林市玉州区、北海市合浦县等地养殖场饲养的罗非鱼体中选取有典型病症的个体进行活体解剖，选取肝、脑、肾等病灶部位接种于添加5.0%羊血的BHI培养基上，分离致病菌。受试菌的采样时间、养殖场户数及罗非鱼数量见表1。

表1　罗非鱼耐药普查受试菌采集情况

采样时间	养殖场（户）	罗非鱼（尾）	无乳链球菌（株）
20210401	3	15	3
20210426	3	15	3
20210505	3	15	3
20210711	3	15	3
20210821	2	10	2
20210823	1	5	1
20210824	1	5	1
20210825	1	5	1
20210826	1	5	1
20210911	2	10	2
20210912	1	5	1
20210919	3	15	3
20210921	1	5	1
20210923	1	5	1
20211019	2	10	2
20211020	2	10	2

3. 病原菌纯化与鉴定保存

分离培养后取优势菌落进行细菌纯化。采用梅里埃生化鉴定仪以及分子生物学（16S rRNA鉴定）方法对已纯化的菌株进行细菌属种鉴定。采用脑心浸液肉汤培养基将菌株在30℃增殖18h后，分装于2mL冻存管中，加灭菌甘油使其含量达30%，然后将冻存管置于－80℃超低温冰箱保存。30株无乳链球菌菌株来源详见表2。

表2　30株无乳链球菌菌株来源

菌株编号	采样时间	采样地点	分离部位	菌株保存地点
GHCA210401TL	20210401	广西合浦陈尧昌A养殖场	肝	本实验室
GHCB210401TK	20210401	广西合浦陈尧昌B养殖场	肾	本实验室
GHCB210401TK	20210401	广西合浦陈尧昌C养殖场	肾	本实验室
GHLA210426TL	20210426	广西合浦梁传仁A养殖场	肝	本实验室
GHLB210426TS	20210426	广西合浦梁传仁B养殖场	脾	本实验室
GHLC210426TB	20210426	广西合浦梁传仁C养殖场	脑	本实验室
GHLA210505TB	20210505	广西合浦刘功华A养殖场	脑	本实验室
GHLB210505TL	20210505	广西合浦刘功华B养殖场	肝	本实验室
GHLC210505TL	20210505	广西合浦刘功华C养殖场	肝	本实验室
GHYA210711TL	20210711	广西合浦叶卫东A养殖场	肝	本实验室
GHYB210711TB	20210711	广西合浦叶卫东B养殖场	脑	本实验室
GHYC210711TB	20210711	广西合浦叶卫东C养殖场	脑	本实验室
GYS210821TL	20210821	广西玉州苏军养殖场	肝	本实验室
GYL210821TL	20210821	广西玉州李劲光养殖场	肝	本实验室
GYZ210823TL	20210823	广西玉州钟等养殖场	肝	本实验室
GYC210824TL	20210824	广西玉州陈其勇养殖场	肝	本实验室
GYZ210825TL	20210825	广西玉州钟春记养殖场	肝	本实验室
GYL210826TL	20210826	广西玉州梁勇养殖场	肝	本实验室
GHSA210911TL	20210911	广西合浦拾前A养殖场	肝	本实验室
GHSB210911TL	20210911	广西合浦拾前B养殖场	肝	本实验室
GYL210912TL	20210912	广西玉州刘彬养殖场	肝	本实验室
GHCA210919TL	20210919	广西合浦曹毅A养殖场	肝	本实验室
GHCB210919TL	20210919	广西合浦曹毅B养殖场	肝	本实验室
GHCC210919TL	20210919	广西合浦曹毅C养殖场	肝	本实验室
GYZ210921TL	20210921	广西玉州钟家升养殖场	肝	本实验室
GYS210923TL	20210923	广西玉州苏军养殖场	肝	本实验室
GYHA211019TL	20211019	广西玉州黄家坤A养殖场	肝	本实验室
GYHB211019TL	20211019	广西玉州黄家坤B养殖场	肝	本实验室
GYHA211020TL	20211020	广西玉州黄雄A养殖场	肝	本实验室
GYHB211020TL	20211020	广西玉州黄雄B养殖场	肝	本实验室

4. 无乳链球菌对水产用抗菌药物的感受性检测

按照《水产养殖主要病原微生物耐药性普查技术》规范操作要求进行无乳链球菌对水

产用抗菌药物的感受性检测。

参照美国临床实验室标准研究所（CLSI）标准，对药物的敏感性及耐药性判定范围划分如下：喹诺酮类（恩诺沙星、氟甲喹）及盐酸多西环素（S 敏感：MIC≤2μg/mL，I 中介：MIC=4μg/mL，R 耐药：MIC≥8μg/mL），磺胺类药物（S 敏感：MIC≤9.5μg/mL，R 耐药：MIC≥76μg/mL），氟苯尼考、甲砜霉素及硫酸新霉素（S 敏感：MIC≤4μg/mL，I 中介：MIC=8μg/mL，R 耐药：MIC≥16μg/mL）。

二、药敏测试结果

1. 病原菌分离鉴定总体情况

30 株无乳链球菌对各种抗菌药物的最小抑菌浓度详见表 3。结果显示，盐酸多西环素的最小抑菌浓度小于 2μg/mL，为敏感。24 株无乳链球菌菌株的氟甲喹最小抑菌浓度大于耐药临界值 8μg/mL，9 株菌株的恩诺沙星最小抑菌浓度大于耐药临界值 8μg/mL，耐药性较高。

表 3　30 株无乳链球菌的 MIC（μg/mL）

菌株	恩诺沙星	硫酸新霉素	甲砜霉素	氟苯尼考	盐酸多西环素	氟甲喹	磺胺间甲氧嘧啶钠	磺胺甲噁唑/甲氧苄啶
GHCA210401TL	12.5	3.13	0.39	1.56	<0.1	50	8	8/1.6
GHCB210401TK	12.5	1.56	0.2	1.56	<0.1	50	4	4/0.8
GHCB210401TK	12.5	1.56	0.2	1.56	<0.1	50	4	4/0.8
GHLA210426TL	6.25	3.13	0.2	1.56	<0.1	25	8	8/1.6
GHLB210426TS	12.5	12.5	0.39	1.56	<0.1	50	8	16/3.2
GHLC210426TB	12.5	3.13	0.2	1.56	<0.1	50	8	8/1.6
GHLA210505TB	6.25	6.25	1.56	3.13	<0.1	12.5	4	4/0.8
GHLB210505TL	6.25	12.5	0.78	1.56	<0.1	12.5	8	16/3.2
GHLC210505TL	6.25	6.25	3.13	3.13	<0.1	12.5	16	16/3.2
GHYA210711TL	6.25	12.5	6.25	3.13	<0.1	25	32	8/1.6
GHYB210711TB	6.25	25	1.56	3.13	<0.1	12.5	8	4/0.8
GHYC210711TB	6.25	25	1.56	3.13	<0.1	12.5	8	4/0.8
GYS210821TL	6.25	12.5	6.25	3.13	<0.1	3.13	16	8/1.6
GYL210821TL	6.25	1.56	0.78	0.78	<0.1	6.25	8	4/0.8
GYZ210823TL	12.5	25	12.5	6.25	<0.1	3.13	8	4/0.8
GYC210824TL	6.25	12.5	1.56	3.13	<0.1	12.5	8	4/0.8
GYZ210825TL	6.25	12.5	1.56	3.13	<0.1	12.5	8	8/1.6
GYL210826TL	6.25	6.25	6.25	6.25	<0.1	25	8	4/0.9
GHSA210911TL	6.25	3.13	1.56	3.13	<0.1	12.5	8	8/1.6
GHSB210911TL	6.25	12.5	6.25	3.13	<0.1	25	16	8/1.6
GYL210912TL	6.25	6.25	0.39	0.78	<0.1	50	4	4/0.8
GHCA210919TL	3.13	6.25	0.2	0.78	<0.1	12.5	8	8/1.6
GHCB210919TL	6.25	12.5	6.25	3.13	<0.1	25	32	16/3.2

（续）

菌株	恩诺沙星	硫酸新霉素	甲砜霉素	氟苯尼考	盐酸多西环素	氟甲喹	磺胺间甲氧嘧啶钠	磺胺甲噁唑/甲氧苄啶
GHCC210919TL	6.25	6.25	0.39	1.56	<0.1	25	16	32/6.4
GYZ210921TL	6.25	12.5	0.2	1.56	<0.1	6.25	8	4/0.8
GYS210923TL	12.5	1.56	0.2	1.56	<0.1	25	8	4/0.8
GYHA211019TL	12.5	3.13	0.2	0.78	<0.1	25	4	4/0.8
GYHB211019TL	12.5	3.13	1.56	6.25	<0.1	25	4	4/0.8
GYHA211020TL	6.25	12.5	12.5	3.13	<0.1	6.25	8	4/0.8
GYHB211020TL	6.25	12.5	12.5	3.13	<0.1	6.25	8	4/0.8

由表4可见，恩诺沙星的MIC_{90}（8.26μg/mL）稍高于其耐药临界值（8μg/mL）；氟甲喹的MIC_{90}（31.50μg/mL）为该药物的耐药临界值（8μg/mL）的3.9倍；其余6种抗菌药物的MIC_{90}均小于其种类抗菌药物的耐药临界值（表4至表6）。

表4　无乳链球菌对6种水产用抗菌药物的感受性分布（n=30）

供试药物	MIC_{50}（μg/mL）	MIC_{90}（μg/mL）	不同药物浓度（μg/mL）下的菌株数（株）											
			≥200	100	50	25	12.5	6.25	3.13	1.56	0.78	0.39	0.20	≤0.10
恩诺沙星	5.36	8.26					9	20	1					
硫酸新霉素	4.69	13.07				3	11	6	6	4				
甲砜霉素	0.69	5.56					3	5	1	7	2	4	8	
氟苯尼考	1.55	3.12						3	13	10	4			
盐酸多西环素	—	—												30
氟甲喹	11.83	31.50			6	9	9	4	2					

注："—"表示由于盐酸多西环素对30株无乳链球菌的MIC均小于0.10μg/mL，因此MIC_{50}和MIC_{90}无法统计。

表5　无乳链球菌对磺胺间甲氧嘧啶钠的感受性分布（n=30）

供试药物	MIC_{50}（μg/mL）	MIC_{90}（μg/mL）	不同药物浓度（μg/mL）下的菌株数（株）									
			≥512	256	128	64	32	16	8	4	2	≤1
磺胺间甲氧嘧啶钠	6.03	11.51					2	4	18	6		

表6　无乳链球菌对磺胺甲噁唑/甲氧苄啶的感受性分布（n=30）

供试药物	MIC_{50}（μg/mL）	MIC_{90}（μg/mL）	不同药物浓度（μg/mL）下的菌株数（株）									
			≥512/102	256/51.2	128/25.6	64/12.8	32/6.4	16/3.2	8/1.6	4/0.8	2/0.4	≤1/0.2
磺胺甲噁唑/甲氧苄啶	4.61	9.21					1	4	9	16		

2. 病原菌耐药性分析

2021年广西养殖罗非鱼分离到的30株无乳链球菌对不同的抗菌药物表现了不同程度

的敏感性和耐药性，其检测结果详见表 7。盐酸多西环素的敏感率为 100.0%，保持了较高的敏感性，为治疗广西无乳链球菌病的首选药物；其次是氟苯尼考、磺胺间甲氧嘧啶钠、磺胺甲噁唑/甲氧苄啶，敏感率分别为 90.0%、80.0%和 83.3%，耐药率为 0。氟甲喹的耐药率为 80.0%，为广西无乳链球菌耐药率最高的抗菌药物。其次是恩诺沙星和硫酸新霉素，耐药率分别为 30.0%和 10.0%。

表 7 30 株无乳链球菌对抗菌药物感受性测定结果

药物种类	敏感率（%）	中介率（%）	耐药率（%）
恩诺沙星	0	70.0	30.0
硫酸新霉素	33.3	56.7	10.0
甲砜霉素	73.3	26.7	0
氟苯尼考	90.0	10.0	0
盐酸多西环素	100.0	0	0
氟甲喹	0	20.0	80.0
磺胺间甲氧嘧啶钠	80.0	20.0	0
磺胺甲噁唑/甲氧苄啶	83.3	16.7	0

3. 耐药性变化情况

2019—2021 年，8 种水产用抗菌药物对无乳链球菌的 MIC_{50} 和 MIC_{90} 变化如图 1 和图 2 所示。可见，盐酸多西环素的 MIC_{50} 和 MIC_{90} 始终保持平稳、维持较低水平。2021 年，恩诺沙星、氟甲喹的 MIC_{50} 和 MIC_{90} 均大幅度上升。氟苯尼考的 MIC_{50} 和 MIC_{90} 呈逐年下降趋势。2021 年，甲砜霉素的 MIC_{50} 和 MIC_{90} 较 2020 年有所下降。2021 年，硫酸新霉素的 MIC_{50} 和 MIC_{90} 亦比 2020 年有所下降，磺胺间甲氧嘧啶钠和磺胺甲噁唑/甲氧苄啶对无乳链球菌的 MIC_{50} 和 MIC_{90} 较前 2 年大幅下降。

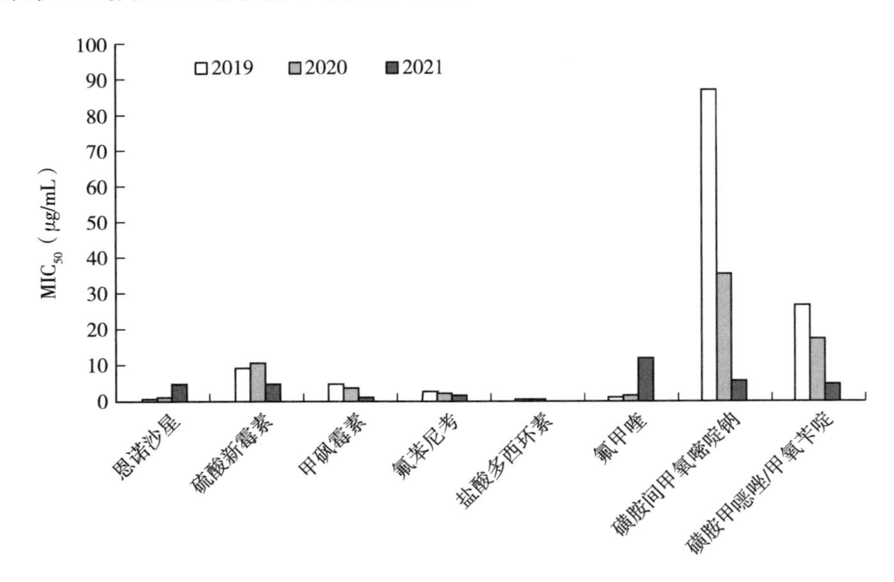

图 1 2019—2021 年水产用抗菌药物对无乳链球菌的 MIC_{50} 变化趋势

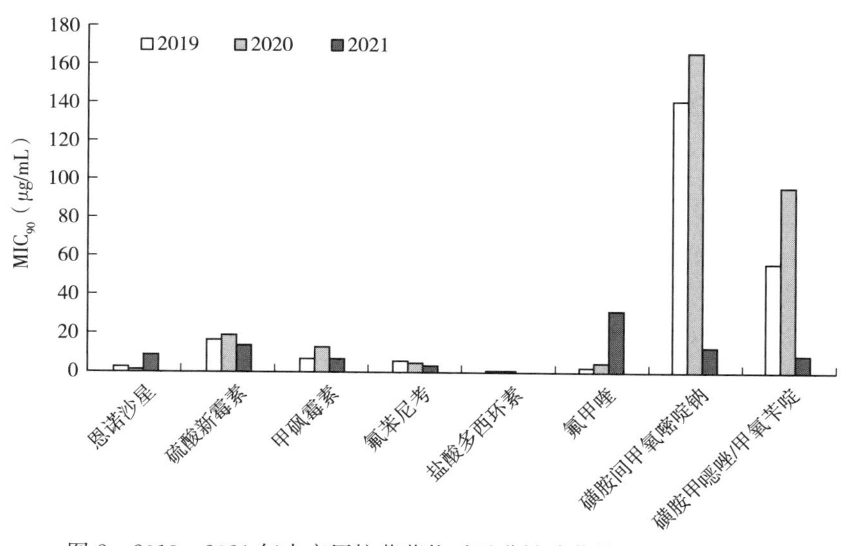

图2　2019—2021年水产用抗菌药物对无乳链球菌的MIC_{90}变化趋势

三、分析与建议

1. 无乳链球菌采集情况分析

2021年分离到无乳链球菌的罗非鱼病样主要来自合浦县和玉州区，这2个地方均为广西传统的罗非鱼养殖区。无乳链球菌为养殖池塘的常在菌和条件致病菌，只有在特定条件下（如水温较高、水质恶化、鱼抗病力降低时）才会在水体中大量繁殖并导致罗非鱼暴发无乳链球菌病。从分离时间上看，2021年，无乳链球菌的采集时间横跨6个月，4、5、7、8、9、10月分离的无乳链球菌菌株数占比分别为20.0%、10.0%、10.0%、20.0%、26.7%和13.3%。由此可见，在广西2021年4—10月均有无乳链球菌病的流行，其中8—9月是无乳链球菌病暴发的高峰期。8—9月池塘水温可达30℃以上，表明罗非鱼无乳链球菌病的暴发可能与水温密切相关。

2. 2021年广西无乳链球菌对8种抗菌药物的敏感性

2021年，30株广西无乳链球菌对5大类（喹诺酮类、四环素类、酰胺醇类、氨基糖苷类和磺胺类）的8种抗菌药物（恩诺沙星、氟甲喹、盐酸多西环素、甲砜霉素、氟苯尼考、硫酸新霉素、磺胺间甲氧嘧啶钠和磺胺甲噁唑/甲氧苄啶）具有不同程度的敏感性。

2021年，广西无乳链球菌对氟甲喹敏感率为0，远低于2020年（73.3%）和2019年（80.0%）；耐药率为80.0%，远高于2020年（13.3%）和2019年（0）。2021年，氟甲喹的MIC_{50}比前2年大幅上升，由2019年的0.78μg/mL上升至2021年的11.83μg/mL，说明2021年广西无乳链球菌对氟甲喹的耐药程度大幅上升，具体原因尚需进一步的调查。由于80.0%的菌株对氟甲喹耐药，不建议选用氟甲喹作为广西罗非鱼无乳链球菌病的治疗药物。

2021年，30株广西无乳链球菌对恩诺沙星敏感率为0，MIC_{50}为5.36μg/mL，其MIC_{50}比2019年大幅提高，说明2021年广西地区无乳链球菌对恩诺沙星产生耐药性风险大幅提高，不建议将恩诺沙星作为该地区无乳链球菌病的治疗药物。

2021年，30株广西无乳链球菌对盐酸多西环素敏感率为100%，该敏感率与2019年的广西和广东无乳链球菌监测结果相同。对于广西罗非鱼无乳链球菌病，建议可在执业兽医的指导下选择盐酸多西环素进行治疗。

2021年，广西无乳链球菌对甲砜霉素敏感率为73.3%，比2020年的40.0%有大幅上升，未出现耐药菌株。同时，与2020年相似，2021年甲砜霉素对无乳链球菌的MIC分布较为离散，存在敏感菌株的同时也存在一定比例的中介菌株。建议各地养殖户在使用甲砜霉素前，应该根据药敏结果考虑是否能用于无乳链球菌病的防治。

2021年，广西无乳链球菌对氟苯尼考敏感率为90.0%、耐药率为0，该敏感率大小与前2年的检测结果比较接近。根据药敏结果，广西无乳链球菌对氟苯尼考敏感率较高，建议养殖户在无乳链球菌病治疗时可依据病原菌药敏结果适当使用氟苯尼考。

2021年，广西无乳链球菌对硫酸新霉素敏感率、中介率和耐药率依次为33.3%、56.7%和10.0%，其敏感率比2020年（0）明显提高。造成敏感率明显提高的原因可能与养殖户使用水产用抗菌药物的习惯和使用频率等因素有关，但具体原因仍需进一步的研究。但由于广西罗非鱼源无乳链球菌对硫酸新霉素敏感率仍不足50%，在防治无乳链球菌感染时不宜选用该药物。

2021年，广西无乳链球菌对磺胺间甲氧嘧啶钠敏感率、中介率和耐药率依次为80.0%、20.0%、0，敏感率比2020年（13.3%）大幅提高，耐药率比2020年（33.3%）大幅下降；对磺胺甲噁唑/甲氧苄啶敏感率、中介率和耐药率依次为83.3%、16.7%、0，敏感率比2020年（23.3%）大幅增加。即2021年2种磺胺类药物的敏感率均比前2年大幅提高，耐药率均降为0，造成该结果的原因仍需进一步研究。根据药敏结果，广西无乳链球菌对2种磺胺类药物敏感率较高，建议养殖户在无乳链球菌病治疗时可依据病原菌药敏结果适当使用2种磺胺类药物。但由于目前美国和日本均规定磺胺二甲嘧啶、磺胺间甲氧嘧啶钠等磺胺类药物为禁用药物，拟出口相关国家的罗非鱼养殖户则需注意避免在病害防治中使用这些磺胺类药物，或使用该类药物要经过足够的休药期再上市。

3. 关于广西养殖罗非鱼链球菌病防控用药建议

建议养殖户在对罗非鱼链球菌病进行用药防治时注意：①水产用抗菌药物的选用应以药敏结果为依据，即从患病鱼体内分离致病菌并筛选敏感的水产用抗菌药物进行治疗。根据本项目监测结果，盐酸多西环素的敏感率为100.0%，为治疗广西无乳链球菌病的首选药物。其次是氟苯尼考、磺胺间甲氧嘧啶钠和磺胺甲噁唑/甲氧苄啶，这3种抗菌药物的敏感率也均超过80.0%。但氟甲喹、恩诺沙星这2种药物产生耐药的风险较高，不建议用于广西罗非鱼无乳链球菌病防治。②抗菌药物使用剂量必须要达到杀菌浓度。如果使用剂量未达到杀菌浓度，不但不能有效抑制细菌，还会诱导细菌产生耐药性。罗非鱼抗菌药物使用剂量可以参考鲤科鱼类的药效学研究结果，即给药剂量为分离菌最小抑菌浓度的8.1倍。③避免无乳链球菌与低浓度抗菌药物长期接触，如勿在日粮中添加抗菌药物以防止水体常在菌无乳链球菌形成耐药，清塘时须充分清理施用过抗菌药物的养殖池底泥和水体。用药时避免长期使用同一种抗菌药物，可以备2～3种抗菌药物进行轮换使用，以防止无乳链球菌对某种抗菌药物逐渐产生耐药性。④避免长期给罗非鱼服用抗菌药物，建议用足1～2个疗程后及时停用抗菌药物，让罗非鱼的肝肾等内脏功能逐步恢复。⑤罗非鱼一旦暴发链球菌病，其病程发展速度比较快。建议长期跟踪监测无乳链球菌对各种抗菌药物的敏感性变化，掌握其变化规律和药物敏感性；尤其是在罗非鱼无乳链球菌病流行季节之前（如每年1—4月）提前进行药敏检测，以便在罗非鱼暴发链球菌病时能及时对症用药，避免耽误最佳治疗时机。⑥从根本上解决罗非鱼无乳链球菌病，必须提高罗非鱼抗病力和免疫力，降低罗非鱼养殖密度，保持良好的水质，改正不良用药习惯，解决底质恶化酸败、饲料成分低劣和生长激素添加过多等问题。只有从根本上改变罗非鱼的老旧养殖观念，才能从源头控制罗非鱼链球菌病的暴发，保证罗非鱼养殖业的可持续健康发展，保障广大罗非鱼养殖户的经济利益。

2021年重庆市水产养殖动物主要病原菌耐药性状况分析

张利平　曾　佳　马龙强　李　虹　王　波
（重庆市水产技术推广总站）

为了解掌握水产养殖主要病原菌耐药性情况及变化规律，指导科学使用水产用抗菌药物，提高细菌性病害防控成效，推动渔业绿色高质量发展，重庆市水产技术推广总站开展了水产养殖动物病原菌耐药性监测工作，分析总结如下。

一、材料和方法

1. 样品采集

在重庆市永川区和荣昌区设立4个监测点，分别是永川区赖平脆鱼养殖场和建恩水产品养殖公司、荣昌区邓开成养殖场和龙集高养殖场。2021年4—10月，每月从4个监测点各采样一次，采样品种为鲫，每次采样30尾。

2. 病原菌的分离

在洁净台面上将鲫体表用75%酒精进行消毒，解剖后，迅速用接种环取肝、脾、肾、鳃等组织，划线接种于BHIA培养基，28℃培育24h，挑取单菌落至BHI液体培养基中，在28℃培养16～24h，之后进行下一步鉴定。

3. 病原菌鉴定及保存

对挑取的菌株进行分子生物学方法进行鉴定。吸取适量菌液，用核酸提取试剂盒或煮沸法提取核酸，然后用PCR试剂盒对16S rDNA进行扩增，将电泳结果合格的扩增产物送往测序公司进行测序，最后将测序结果在NCBI网站进行比对分析，确定菌株种属信息。然后用终浓度为25%的无菌甘油冷冻保存，筛选出目的菌株进行药敏测定。药敏供试药物为恩诺沙星、硫酸新霉素、甲砜霉素、氟苯尼考、盐酸多西环素、氟甲喹、磺胺间甲氧嘧啶钠、磺胺甲噁唑/甲氧苄啶共8种药物。

二、药敏测试结果

1. 病原菌分离鉴定总体情况

全年共分离出病原菌52株，其中气单胞菌30株、假单胞菌13株、腐败西瓦氏菌9株。测定方法按照《药敏分析试剂板使用说明书》进行。用大肠杆菌（ATCC25922）做质控菌株进行质控。

2. 病原菌耐药性分析

（1）抗菌药物对所有病原菌的MIC_{50}和MIC_{90}统计分析

恩诺沙星、硫酸新霉素对测定病原菌的MIC_{90}均小于2μg/mL，均表现出强的敏感性。甲砜霉素、氟苯尼考、磺胺间甲氧嘧啶钠对病原菌的MIC_{90}较高，其中甲砜霉素

MIC_{90}超过了检测上限，表现出较强的耐药性。具体结果见表1至表6。

表1　病原菌对恩诺沙星的感受性分布（n=52）

供试药物	MIC_{50}（μg/mL）	MIC_{90}（μg/mL）	不同药物浓度（μg/mL）下的菌株数（株）											
			16	8	4	2	1	0.5	0.25	0.125	0.06	0.03	0.015	0.008
恩诺沙星	0.200	0.787				3	1	5	11	16	9	4	3	

表2　病原菌对硫酸新霉素和氟甲喹的感受性分布（n=52）

供试药物	MIC_{50}（μg/mL）	MIC_{90}（μg/mL）	不同药物浓度（μg/mL）下的菌株数（株）											
			256	128	64	32	16	8	4	2	1	0.5	0.25	0.125
硫酸新霉素	0.447	1.069									9	13	18	12
氟甲喹	0.522	4.807				1		7	1	2	1	11	5	24

表3　病原菌对甲砜霉素和氟苯尼考的感受性分布（n=52）

供试药物	MIC_{50}（μg/mL）	MIC_{90}（μg/mL）	不同药物浓度（μg/mL）下的菌株数（株）											
			512	256	128	64	32	16	8	4	2	1	0.5	0.25
甲砜霉素	11.703	512	6	2	4	8	2	2	4	2	2	2	12	6
氟苯尼考	10.443	222.730		5	5	4	4	4	6	2	2	11	8	1

表4　病原菌对盐酸多西环素的感受性分布（n=52）

供试药物	MIC_{50}（μg/mL）	MIC_{90}（μg/mL）	不同药物浓度（μg/mL）下的菌株数（株）											
			128	64	32	16	8	4	2	1	0.5	0.25	0.125	0.06
盐酸多西环素	0.243	5.890			2	1	1	4	3	6		5	6	24

表5　病原菌对磺胺间甲氧嘧啶钠的感受性分布（n=52）

供试药物	MIC_{50}（μg/mL）	MIC_{90}（μg/mL）	不同药物浓度（μg/mL）下的菌株数（株）									
			1 024	512	256	128	64	32	16	8	4	2
磺胺间甲氧嘧啶钠	19.321	594.213	7	2	2	2			4	6	15	14

表6　病原菌对磺胺间甲噁唑/甲氧苄啶的感受性分布（n=52）

供试药物	MIC_{50}（μg/mL）	MIC_{90}（μg/mL）	不同药物浓度（μg/mL）下的菌株数（株）									
			608/32	304/16	152/8	76/4	38/2	19/1	9.5/0.5	4.8/0.12	2/0.06	≤1/0.2
磺胺甲噁唑/甲氧苄啶	6.217/0.324	62.825/3.306				4	6	4	3	7	9	19

（2）抗菌药物对不同病原菌的MIC_{50}和MIC_{90}统计分析

恩诺沙星、硫酸新霉素、氟甲喹对气单胞菌的MIC_{90}均介于0.2～8.0μg/mL之间，表现出较强的敏感性。甲砜霉素、氟苯尼考、磺胺间甲氧嘧啶钠、磺胺甲噁唑/甲氧苄啶对病原菌的 MIC_{90} 较高，甲砜霉素、磺胺间甲氧嘧啶钠对气单胞菌的 MIC_{90} 均超过检测上限，表现出强耐药性。具体结果见表 7 至表 12。

表 7　气单胞菌对恩诺沙星的感受性分布（n=30）

供试药物	MIC_{50} (μg/mL)	MIC_{90} (μg/mL)	不同药物浓度（μg/mL）下的菌株数（株）											
			16	8	4	2	1	0.5	0.25	0.125	0.06	0.03	0.015	0.008
恩诺沙星	0.206	0.931				1	1	5	8	7	1	4	3	

表 8　气单胞菌对硫酸新霉素和氟甲喹的感受性分布（n=30）

供试药物	MIC_{50} (μg/mL)	MIC_{90} (μg/mL)	不同药物浓度（μg/mL）下的菌株数（株）											
			256	128	64	32	16	8	4	2	1	0.5	0.25	0.125
硫酸新霉素	0.498	1.189									8	4	13	5
氟甲喹	0.632	7.785				1		6		1		6	3	13

表 9　气单胞菌对甲砜霉素和氟苯尼考的感受性分布（n=30）

供试药物	MIC_{50} (μg/mL)	MIC_{90} (μg/mL)	不同药物浓度（μg/mL）下的菌株数（株）											
			512	256	128	64	32	16	8	4	2	1	0.5	0.25
甲砜霉素	3.702	512	5	1	1	4	1		1		2	2	9	4
氟苯尼考	7.119	161.211		4	1	2	2	2	2		2	10	5	

表 10　气单胞菌对盐酸多西环素的感受性分布（n=30）

供试药物	MIC_{50} (μg/mL)	MIC_{90} (μg/mL)	不同药物浓度（μg/mL）下的菌株数（株）											
			128	64	32	16	8	4	2	1	0.5	0.25	0.125	0.06
盐酸多西环素	0.677	11.631			2	1	1	4	1	4		3	1	13

表 11　气单胞菌对磺胺间甲氧嘧啶钠的感受性分布（n=30）

供试药物	MIC_{50} (μg/mL)	MIC_{90} (μg/mL)	不同药物浓度（μg/mL）下的菌株数（株）									
			1 024	512	256	128	64	32	16	8	4	2
磺胺间甲氧嘧啶钠	12.295	1 024	7						2	1	12	8

表 12　气单胞菌对磺胺间甲噁唑/甲氧苄啶的感受性分布（n=30）

供试药物	MIC_{50} (μg/mL)	MIC_{90} (μg/mL)	不同药物浓度（μg/mL）下的菌株数（株）									
			608/32	304/16	152/8	76/4	38/2	19/1	9.5/0.5	4.8/0.12	2/0.06	≤1/0.2
磺胺甲噁唑/甲氧苄啶	12.102/0.632	161.589/8.533	2			2	7	3	1		9	6

恩诺沙星、硫酸新霉素、盐酸多西环素、氟甲喹对假单胞菌的 MIC_{90} 均介于 0.2～2.5μg/mL 之间，表现出较强的敏感性。甲砜霉素、氟苯尼考、磺胺间甲氧嘧啶钠的 MIC_{90} 较高，均超过了 390μg/mL，表现出强耐药性。具体结果见表 13 至表 18。

表 13　假单胞菌对恩诺沙星的感受性分布（n=13）

供试药物	MIC_{50} (μg/mL)	MIC_{90} (μg/mL)	不同药物浓度（μg/mL）下的菌株数（株）											
			16	8	4	2	1	0.5	0.25	0.125	0.06	0.03	0.015	0.008
恩诺沙星	0.229	0.586				1			2	9	1			

表 14　假单胞菌对硫酸新霉素和氟甲喹的感受性分布（n=13）

供试药物	MIC_{50} (μg/mL)	MIC_{90} (μg/mL)	不同药物浓度（μg/mL）下的菌株数（株）											
			256	128	64	32	16	8	4	2	1	0.5	0.25	0.125
硫酸新霉素	0.302	0.636									1	1	5	6
氟甲喹	0.521	2.158						1			1	5	2	4

表 15　假单胞菌对甲砜霉素和氟苯尼考的感受性分布（n=13）

供试药物	MIC_{50} (μg/mL)	MIC_{90} (μg/mL)	不同药物浓度（μg/mL）下的菌株数（株）											
			512	256	128	64	32	16	8	4	2	1	0.5	0.25
甲砜霉素	34.933	396.955		1	3	2	1	1	3	1				1
氟苯尼考	34.858	395.519		1	3	2	1	1	3	1				1

表 16　假单胞菌对盐酸多西环素的感受性分布（n=13）

供试药物	MIC_{50} (μg/mL)	MIC_{90} (μg/mL)	不同药物浓度（μg/mL）下的菌株数（株）											
			128	64	32	16	8	4	2	1	0.5	0.25	0.125	0.06
盐酸多西环素	0.183	0.487								1		3	5	4

表 17　假单胞菌对磺胺间甲氧嘧啶钠的感受性分布（n=13）

供试药物	MIC_{50} (μg/mL)	MIC_{90} (μg/mL)	不同药物浓度（μg/mL）下的菌株数（株）									
			1 024	512	256	128	64	32	16	8	4	2
磺胺间甲氧嘧啶钠	45.248	815.493		2	1	3				4	2	1

表 18　假单胞菌对磺胺间甲噁唑/甲氧苄啶的感受性分布（n=13）

供试药物	MIC_{50} (μg/mL)	MIC_{90} (μg/mL)	不同药物浓度（μg/mL）下的菌株数（株）									
			608/32	304/16	152/8	76/4	38/2	19/1	9.5/0.5	4.8/0.12	2/0.06	≤1/0.2
磺胺甲噁唑/甲氧苄啶	14.868/0.780	65.559/3.462				5	1	2	2	2	1	

恩诺沙星、硫酸新霉素、盐酸多西环素、氟甲喹对腐败西瓦氏菌的 MIC_{90} 均介于 0.1～4.5μg/mL 之间，表现出较强的敏感性。甲砜霉素、氟苯尼考对其的 MIC_{90} 均超过 60μg/mL，表现出较强耐药性，具体结果见表 19 至表 24。

表 19 腐败西瓦氏菌对恩诺沙星的感受性分布（n=9）

供试药物	MIC_{50}（μg/mL）	MIC_{90}（μg/mL）	不同药物浓度（μg/mL）下的菌株数（株）											
			16	8	4	2	1	0.5	0.25	0.125	0.06	0.03	0.015	0.008
恩诺沙星	0.162	0.614						1	1	1	6			

表 20 腐败西瓦氏菌对硫酸新霉素和氟甲喹的感受性分布（n=9）

供试药物	MIC_{50}（μg/mL）	MIC_{90}（μg/mL）	不同药物浓度（μg/mL）下的菌株数（株）											
			256	128	64	32	16	8	4	2	1	0.5	0.25	0.125
硫酸新霉素	0.393	0.775										2	6	1
氟甲喹	0.288	2.033							1	1				7

表 21 腐败西瓦氏菌对甲砜霉素和氟苯尼考的感受性分布（n=9）

供试药物	MIC_{50}（μg/mL）	MIC_{90}（μg/mL）	不同药物浓度（μg/mL）下的菌株数（株）											
			512	256	128	64	32	16	8	4	2	1	0.5	0.25
甲砜霉素	7.030	405.192			1	2		1		1			3	1
氟苯尼考	5.425	69.862			1		1	1	1	1		1	3	

表 22 腐败西瓦氏菌对盐酸多西环素的感受性分布（n=9）

供试药物	MIC_{50}（μg/mL）	MIC_{90}（μg/mL）	不同药物浓度（μg/mL）下的菌株数（株）											
			128	64	32	16	8	4	2	1	0.5	0.25	0.125	0.06
盐酸多西环素	0.429	4.022							2	1				6

表 23 腐败西瓦氏菌对磺胺间甲氧嘧啶钠的感受性分布（n=9）

供试药物	MIC_{50}（μg/mL）	MIC_{90}（μg/mL）	不同药物浓度（μg/mL）下的菌株数（株）									
			1 024	512	256	128	64	32	16	8	4	2
磺胺间甲氧嘧啶钠	5.599	13.645							1	2	2	4

表 24 腐败西瓦氏菌对磺胺间甲噁唑/甲氧苄啶的感受性分布（n=9）

供试药物	MIC_{50}（μg/mL）	MIC_{90}（μg/mL）	不同药物浓度（μg/mL）下的菌株数（株）									
			608/32	304/16	152/8	76/4	38/2	19/1	9.5/0.5	4.8/0.12	2/0.06	≤1/0.2
磺胺甲噁唑/甲氧苄啶	2.849/0.147	12.265/0.641					1			2	1	5

（3）抗菌药物对不同病原菌的 MIC_{90} 比较分析

表25　不同药物对不同病原菌的 MIC_{90} 比较

供试药物	MIC_{90}（μg/mL）		
	气单胞菌	假单胞菌	腐败西瓦氏菌
恩诺沙星	0.931	0.586	0.614
硫酸新霉素	1.189	0.636	0.775
甲砜霉素	512	396.955	405.192
氟苯尼考	161.211	395.519	69.862
盐酸多西环素	11.631	0.487	4.022
氟甲喹	7.785	2.158	2.033
磺胺间甲氧嘧啶钠	1 024	815.493	13.645
磺胺甲噁唑/甲氧苄啶	161.589/8.533	65.559/3.462	12.265/0.641

由表25分析可知，恩诺沙星、硫酸新霉素、氟甲喹对气单胞菌属的 MIC_{90} 均处于较低浓度水平，有良好的抑菌效果。恩诺沙星、硫酸新霉素、盐酸多西环素、氟甲喹对假单胞菌的 MIC_{90} 均处于较低浓度水平，有良好的抑菌效果。恩诺沙星、硫酸新霉素、盐酸多西环素、氟甲喹、磺胺甲噁唑/甲氧苄啶对腐败西瓦氏菌的 MIC_{90} 均处于较低浓度水平，有良好的抑菌效果。甲砜霉素和氟苯尼考对菌株的 MIC_{90} 均表现出很高的浓度水平，抑菌效果差。磺胺间甲氧嘧啶钠对气单胞菌和假单胞菌 MIC_{90} 均表现出很高的浓度水平，抑菌效果最差。磺胺甲噁唑/甲氧苄啶对气单胞菌 MIC_{90} 表现出很高的浓度水平，抑菌效果较差。

（4）近几年病原菌耐药性变化情况分析

重庆市从2018年开始开展耐药性普查工作，统计了近4年来的耐药性普查结果，现对2018—2021年的耐药结果以水产用抗菌药物气单胞菌的 MIC_{90} 作对比分析。考虑到2019年之后的药敏板发生的改变和连续性的对比分析，故2018年的结果只对恩诺沙星、硫酸新霉素、甲砜霉素、氟苯尼考4种药物数据进行统计，且考虑到药物浓度的变化差异较小，故对2018年的数据以改变之后最接近的浓度进行分类统计。

表26　2018—2021年不同水产用抗菌药物对气单胞菌的 MIC_{90}（μg/mL）

供试药物	2018年	2019年	2020年	2021年
恩诺沙星	1.176	0.794	0.243	0.931
硫酸新霉素	1.807	6.464	2.141 5	1.189
甲砜霉素	308.634	19.149	7.836	512
氟苯尼考	30.667	6.195	4.522	161.211
盐酸多西环素	/	7.830	1.215	11.631
氟甲喹	/	313.785	0.656	7.785
磺胺间甲氧嘧啶钠	/	58.46	212.867	1 024
磺胺甲噁唑/甲氧苄啶	/	21.276	164.378	161.589

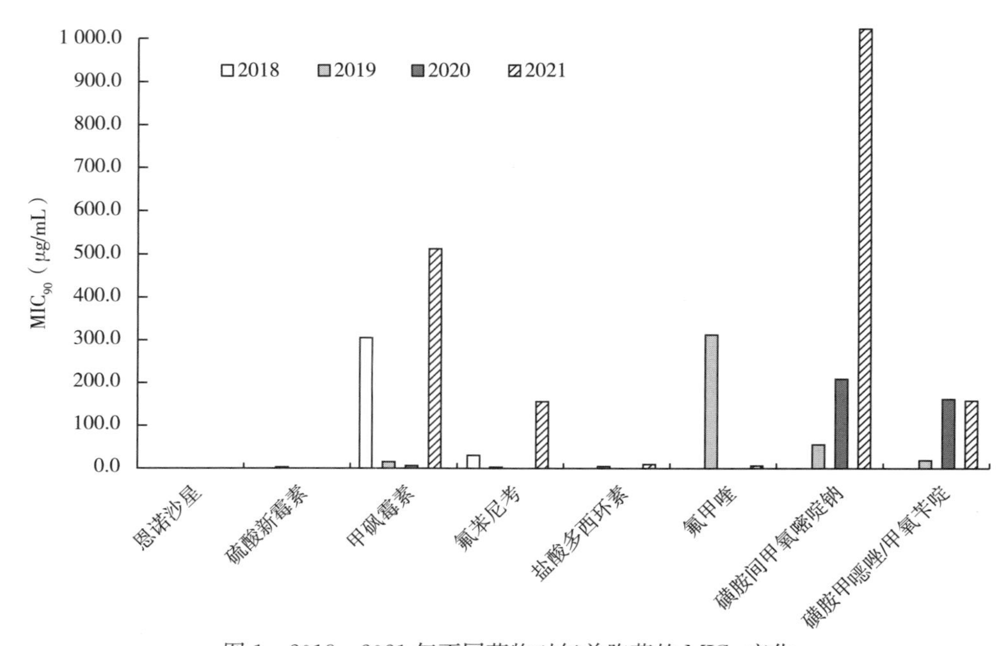

图 1 2018—2021 年不同药物对气单胞菌的 MIC_{90} 变化

由表 26、图 1 分析可知，2018—2021 年恩诺沙星、硫酸新霉素、盐酸多西环素 3 种药物对气单胞菌的 MIC_{90} 波动变化范围最小，且保持在低浓度水平，故气单胞菌对这 3 种药物表现出较强敏感性。2020—2021 年，氟甲喹的 MIC_{90} 波动变化范围最小，且保持在低浓度水平，表现出较强的敏感性。2018—2021 年甲砜霉素的 MIC_{90} 呈现出异常的变化，可能是药敏板的改变对甲砜霉素的结果有影响。2018—2021 年，氟苯尼考和磺胺间甲氧嘧啶钠的 MIC_{90} 较 2020 年有所提高，且变化幅度较大，气单胞菌对该两种药物的耐药性增强。与 2020 年相比，2021 年磺胺甲噁唑/甲氧苄啶的 MIC_{90} 波动变化较小，但依然是保持在一个高浓度的水平，气单胞菌对此药物仍表现出较强的耐药性。

三、分析与建议

总体分析，恩诺沙星、硫酸新霉素、氟甲喹对病原菌的抑制效果均较强，其中以恩诺沙星的表现效果最好且最稳定。

应规范渔民用药，在防治淡水鱼类细菌性疾病时，应从“防”和“治”两个方面着手，其中“防”应该重点关注。及时对鱼塘进行清塘消毒处理，对渔具定期进行消毒处理，及时调节水质等，都是避免淡水鱼类细菌性疾病发生的重要措施。应不断加强渔民的防范意识，提高病害预测预报对渔民养殖的指导作用。另外，针对已经暴发淡水鱼类细菌性疾病的鱼塘，可以从恩诺沙星、硫酸新霉素、氟甲喹中选择用药进行治疗，同时为避免病原菌耐药性的产生，可以交替使用药物，并且控制用药的浓度，避免一次使用较高浓度。同时为了能够做到科学用药、精准用药，需要对耐药性进行长期动态监控，以确定其最佳的治疗药物和用量。